致力于绿色发展的城乡建设

绿色建造与转型发展

全国市长研修学院系列培训教材编委会　编写

中国建筑工业出版社

图书在版编目（CIP）数据

绿色建造与转型发展／全国市长研修学院系列培训教材编委会编写．—北京：中国建筑工业出版社，2019.6（2023.6重印）

（致力于绿色发展的城乡建设）

ISBN 978-7-112-23948-1

Ⅰ．①绿…　Ⅱ．①全…　Ⅲ．①城乡建设－生态环境建设－研究－中国　Ⅳ．①TU984.2②X321.2

中国版本图书馆CIP数据核字（2019）第132005号

责任编辑：尚春明　咸大庆　费海玲　汪箫仪

责任校对：张惠雯

致力于绿色发展的城乡建设

绿色建造与转型发展

全国市长研修学院系列培训教材编委会　编写

*

中国建筑工业出版社出版、发行（北京海淀三里河路9号）

各地新华书店、建筑书店经销

北京锋尚制版有限公司制版

北京富诚彩色印刷有限公司印刷

*

开本：787×1092毫米　1/16　印张：10¾　字数：159千字

2019年11月第一版　2023年 6 月第三次印刷

定价：86.00元

ISBN 978-7-112-23948-1

（34246）

全国市长研修学院系列培训教材编委会

贯彻落实新发展理念
推动致力于绿色发展的城乡建设

习近平总书记高度重视生态文明建设和绿色发展，多次强调生态文明建设是关系中华民族永续发展的根本大计，我们要建设的现代化是人与自然和谐共生的现代化，要让良好生态环境成为人民生活的增长点、成为经济社会持续健康发展的支撑点、成为展现我国良好形象的发力点。生态环境问题归根结底是发展方式和生活方式问题，要从根本上解决生态环境问题，必须贯彻创新、协调、绿色、开放、共享的发展理念，加快形成节约资源和保护环境的空间格局、产业结构、生产方式、生活方式。推动形成绿色发展方式和生活方式是贯彻新发展理念的必然要求，是发展观的一场深刻革命。

中国古人早就认识到人与自然应当和谐共生，提出了“天人合一”的思想，强调人类要遵循自然规律，对自然要取之有度、用之有节。马克思指出“人是自然界的一部分”，恩格斯也强调“人本身是自然界的产物”。人类可以利用自然、改造自然，但归根结底是自然的一部分。无论从世界还是从中华民族的文明历史看，生态环境的变化直接影响文明的兴衰演替，我国古代一些地区也有过惨痛教训。我们必须继承和发展传统优秀文化的生态智慧，尊重自然，善待自然，实现中华民族的永续发展。

随着我国社会主要矛盾转化为人民日益增长的美好生活需要和不平衡不充分的发展之间的矛盾，人民群众对优美生态环境的需要已经成为这一矛盾的重要方面，广大人民群众热切期盼加快提高生态环境和人居环境质量。过去改革开放40年主要解决了“有没有”的问题，现在要着力解决“好不好”的问题；过去主要追求发展速度和规模，现在要更多地追求质量和效益；过去主要满足温饱等基本需要，现在要着力促进人的全面发展；过去发展方式重经济轻环境，现在要强调“绿水青山就是金山银山”。我们要顺应新时代新形势新任务，积极回应人民群众所想、所盼、所急，坚持生态优先、绿色发展，满足人民日益增长的对美好生活的需要。

我们应该认识到，城乡建设是全面推动绿色发展的主要载体。城镇和乡村，是经济社会发展的物质空间，是人居环境的重要形态，是城乡生产和生活活动的空间载体。城乡建设不仅是物质空间建设活动，也是形成绿色发展方式和绿色生活方式的行动载体。当前我国城乡建设与实现“五位一体”总体布局的要求，存在着发展不平衡、不协调、不可持续等突出问题。一是整体性缺乏。城市规模扩张与产业发展不同步、与经济社会发展不协调、与资源环境承载力不适应；城市与乡村之间、城市与城市之间、城市与区域之间的发展协调性、共享性不足，城镇化质量不高。二是系统性不足。生态、生产、生活空间统筹不够，资源配置效率低下；城乡基础设施体系化程度低、效率不高，一些大城市“城市病”问题突出，严重制约了推动形成绿色发展方式和绿色生活方式。三是包容性不够。城乡建设“重物不重人”，忽视人与自然和谐共生、人与人和谐共进的关系，忽视城乡传统山水空间格局和历史文脉的保护与传承，城乡生态环境、人居环境、基础设施、公共服务等方面存在不少薄弱环节，不能适应人民群众对美好生活的需要，既制约了经济社会的可持续发展，又影响了人民群众安居乐业，人民群众的获得感、幸福感和安全感不够充实。因此，我们必须推动“致力于绿色发展的城乡建设”，建设美丽城镇和美丽乡村，支撑经济社会持续健康发展。

我们应该认识到，城乡建设是国民经济的重要组成部分，是全面推动绿色发展的重要战场。过去城乡建设工作重速度、轻质量，重规模、轻效益，重眼前、轻长远，形成了“大量建设、大量消耗、大量排放”的城乡建设方式。我国每年房屋新开工面积约20亿平方米，消耗的水泥、玻璃、钢材分别占全球总消耗量的45%、40%和35%；建筑能源消费总量逐年上升，从2000年2.88亿吨标准煤，增长到2017年9.6亿吨标准煤，年均增长7.4%，已占全国能源消费总量的21%；北方地区集中采暖单位建筑面积实际能耗约14.4千克标准煤；每年产生的建筑垃圾已超过20亿吨，约占城市固体废弃物总量的40%；城市机动车排放污染日趋严重，已成为我国空气污染的重要来源。此外，房地产业和建筑业增加值约占GDP的13.5%，产业链条长，上下游关联度高，对高能耗、高排放的钢铁、建材、石化、有色、化工等产业有重要影响。因此，推动“致力于绿色发展的城乡建设”，转变城乡建设方式，推广适于绿色发展的新技术新材料新标准，建立相适应的建设和监管体制机制，对促进城乡经济结构变化、促进绿色增长、全面推动形成绿色发展方式具有十分重要的作用。

时代是出卷人，我们是答卷人。面对新时代新形势新任务，尤其是发展观的深刻革命和发展方式的深刻转变，在城乡建设领域重点突破、率先变革，推动形成绿色发展方式和生活方式，是我们责无旁贷的历史使命。

推动“致力于绿色发展的城乡建设”，走高质量发展新路，应当坚持六条基本原则。一是坚持人与自然和谐共生原则。尊重自然、顺应自然、保护自然，建设人与自然和谐共生的生命共同体。二是坚持整体与系统原则。统筹城镇和乡村建设，统筹规划、建设、管理三大环节，统筹地上、地下空间建设，不断提高城乡建设的整体性、系统性和生长性。三是坚持效率与均衡原则。提高城乡建设的资源、能源和生态效率，实现人口资源环境的均衡和经济社会生态效益的统一。四是坚持公平与包容原则。促进基础设施和基本公共服务的均等化，让建设成果更多更公平惠及全体人民，实现人与人的和谐发展。五是坚持传承与发展原则。在城乡建设中保护弘扬中华优秀传统文化，在继承中发展，彰显特色风貌，让居民望得见山、看得见水、记得住乡愁。六是坚持党的全面领导原则。把党的全面领导始终贯穿“致力于绿色发展的城乡建设”的各个领域和环节，为推动形成绿色发展方式和生活方式提供强大动力和坚强保障。

推动“致力于绿色发展的城乡建设”，关键在人。为帮助各级党委政府和城乡建设相关部门的工作人员深入学习领会习近平生态文明思想，更好地理解推动“致力于绿色发展的城乡建设”的初心和使命，我们组织专家编写了这套以“致力于绿色发展的城乡建设”为主题的教材。这套教材聚焦城乡建设的12个主要领域，分专题阐述了不同领域推动绿色发展的理念、方法和路径，以专业的视角、严谨的态度和科学的方法，从理论和实践两个维度阐述推动“致力于绿色发展的城乡建设”应当怎么看、怎么想、怎么干，力争系统地将绿色发展理念贯穿到城乡建设的各方面和全过程，既是一套干部学习培训教材，更是推动“致力于绿色发展的城乡建设”的顶层设计。

专题一：明日之绿色城市。面向新时代，满足人民日益增长的美好生活需要，建设人与自然和谐共生的生命共同体和人与人和谐相处的命运共同体，是推动致力于绿色发展的城市建设的根本目的。该专题剖析了“城市病”问题及其成因，指出原有城市开发建设模式不可持续、亟需转型，在继承、发展中国传统文化和西方人文思想追求美好城市的理论和实践基础上，提出建设明日之绿色城市的目标要求、理论框架和基本路径。

专题二：绿色增长与城乡建设。绿色增长是不以牺牲资源环境为代价的经济增长，是绿色发展的基础。该专题阐述了我国城乡建设转变粗放的发展方式、推动绿色增长的必要性和迫切性，介绍了促进绿色增长的城乡建设路径，并提出基于绿色增长的城市体检指标体系。

专题三：城市与自然生态。自然生态是城市的命脉所在。该专题着眼于如何构建和谐共生的城市与自然生态关系，详细分析了当代城市与自然关系面临的困境与挑战，系统阐述了建设与自然和谐共生的城市需要采取的理念、行动和策略。

专题四：区域与城市群竞争力。在全球化大背景下，提高我国城市的全球竞争力，要从区域与城市群层面入手。该专题着眼于增强区域与城市群的国际竞争力，分析了致力于绿色发展的区域与城市群特征，介绍了如何建设具有竞争力的区域与城市群，以及如何从绿色发展角度衡量和提高区域与城市群竞争力。

专题五：城乡协调发展与乡村建设。绿色发展是推动城乡协调发展的重要途径。该专题分析了我国城乡关系的巨变和乡村治理、发展面临的严峻挑战，指出要通过“三个三”（即促进一二三产业融合发展，统筹县城、中心镇、行政村三级公共服务设施布局，建立政府、社会、村民三方共建共治共享机制），推进以县域为基本单元就地城镇化，走中国特色新型城镇化道路。

专题六：城市密度与强度。城市密度与强度直接影响城市经济发展效益和人民生活的舒适度，是城市绿色发展的重要指标。该专题阐述了密度与强度的基本概念，分析了影响城市密度与强度的因素，结合案例提出了确定城市、街区和建筑群密度与强度的原则和方法。

专题七：城乡基础设施效率与体系化。基础设施是推动形成绿色发展方式和生活方式的重要基础和关键支撑。该专题阐述了基础设施生态效率、使用效率和运行效率的基本概念和评价方法，指出体系化是提升基础设施效率的重要方式，绿色、智能、协同、安全是基础设施体系化的基本要求。

专题八：绿色建造与转型发展。绿色建造是推动形成绿色发展方式的重要领域。该专题深入剖析了当前建造各个环节存在的突出问题，阐述了绿色建造的基本概念，分析了绿色建造和绿色发展的关系，介绍了如何大力开展绿色建造，以及如何推动绿色建造的实施原则和方法。

专题九：城市文化与城市设计。生态、文化和人是城市设计的关键要素。该专题聚焦提高公共空间品质、塑造美好人居环境，指出城市设计必须坚持尊重自然、顺应自然、保护自然，坚持以人民为中心，坚持以文化为导向，正确处理人和自然、人和文化、人和空间的关系。

专题十：统筹规划与规划统筹。科学规划是城乡绿色发展的前提和保障。该专题重点介绍了规划的定义和主要内容，指出规划既是目标，也是手段；既要注重结果，也要注重过程。提出要通过统筹规划构建“一张蓝图”，用规划统筹实施“一张蓝图”。

专题十一：美好环境与幸福生活共同缔造。美好环境与幸福生活共同缔造，是促进人与自然和谐相处、人与人和谐相处，构建共建共治共享的社会治理格局的重要工作载体。该专题阐述了在城乡人居环境建设和整治中开展“美好环境与幸福生活共同缔造”活动的基本原则和方式方法，指出“共同缔造”既是目的，也是手段；既是认识论，也是方法论。

专题十二：政府调控与市场作用。推动“致力于绿色发展的城乡建设”，必须处理好政府和市场的关系，以更好发挥政府作用，使市场在资源配置中起决定性作用。该专题分析了市场主体在“致力于绿色发展的城乡建设”中的关键角色和重要作用，强调政府要搭建服务和监管平台，激发市场活力，弥补市场失灵，推动城市转型、产业转型和社会转型。

绿色发展是理念，更是实践；需要坐而谋，更需起而行。我们必须坚持以习近平新时代中国特色社会主义思想为指导，坚持以人民为中心的发展思想，坚持和贯彻新发展理念，坚持生态优先、绿色发展的城乡高质量发展新路，推动“致力于绿色发展的城乡建设”，满足人民群众对美好环境与幸福生活的向往，促进经济社会持续健康发展，让中华大地天更蓝、山更绿、水更清、城乡更美丽。

王蒙徽

2019年4月16日

前言

生态文明建设是关系人民福祉、关乎民族未来的千年大计。习近平总书记明确提出，生态环境是人类生存和发展的根基，生态环境变化直接影响文明兴衰演替。我国环境容量有限，生态系统脆弱，污染重、损失大、风险高的生态环境状况还没有根本扭转。党的十八大以来，以习近平同志为核心的党中央高度重视生态文明建设，将其纳入“五位一体”总体布局。在党中央国务院的坚强领导下，“绿水青山就是金山银山”的理念深入人心，生态文明建设体制改革有力有序推进，推动绿色发展已成为普遍共识。

生态文明建设要坚持节约优先、保护优先、自然恢复为主的方针，必须贯彻创新、协调、绿色、开放、共享的发展理念，严守生态保护红线、环境质量底线、资源利用上线，加快形成节约资源和保护环境的空间格局、产业结构、生产方式、生活方式。这对于支撑社会经济发展、城乡建设和民生改善的建筑业来说，无疑具有重大指导意义。

绿色发展是构建高质量现代化经济体系的必然要求，也是解决污染问题的根本之策。党的十九大把推进绿色发展作为生态文明建设的首要任务。建筑业正处在转型与创新发展的关键时期，必须从党和国家事业发展全局出发，把绿色发展摆在更加重要的位置，切实担负起生态文明建设的政治责任。绿色建造与转型发展作为“致力于绿色发展的城乡建设”的重要组成部分，就是探索建筑业如何实现保护与转型并重、建造活动与绿色发展同步、经济发展与生态文明协调为导向的高质量发展新路子。建筑业作为国民经济支柱产业，对我国社会经济发展、城乡建设和民生改善作出了重要贡献。但是，与发达国家先进水平相比，我国建筑业仍然大而不强，技术系统集成水平低、工程建设组织方式落后、企业核心竞争力不强、工人技能素质偏低等问题较为突出。长期以来，我国建筑业主要是以大量建设、大量消耗、大量排放的粗放式发展方式为主，这些问题集中反映了我国建筑业目前仍是一个劳动密集型、建造方式相对落后的传统产业，已经不能适应生态文明建设以及新时代高质量发展要求。致力于绿色发展的城乡建设，是一个系统工程，涉及发展理念、生产方式、生活方式等各方面的深刻变革，必须摒弃传统粗放的老路，以新发展理念为指引，通过转型升级推动形成与绿色发展相适应的新型建造方式，改变低成本要素投入、高生态环境代价的发展模式，把发展的基点放到培育和推广绿色建造方式上来，推动建筑业加快实现产业升级和生态环境保护“双赢”的高质量发展。开展绿色建造活动，进行转型发展，既是生态文明建设、绿色发展的产业支撑，也是推进供给侧结构性改革、培育经济发展新动能的重要内容，对我国经济社会高质量发展具有重要意义。

本书共分为六章：第一章分析了建筑业发展所面临的问题；第二章介绍了绿色建造的概念，并对其进行了剖析；第三章介绍了绿色建造路径，包括提高资源节约水平、厉行环境保护、绿色建造方式；第四章介绍了绿色建造的主要产品，包括绿色建筑和绿色生态城区等，并畅想了未来城市；第五章从开展绿色建造的总体要求、政策支持、提高绿色建造标准和科技创新角度，阐述了推动绿色建造的建议；第六章介绍了在绿色建造各个方面有一定典型意义的案例。

本书自始至终以加强生态文明建设为出发点和落脚点，按照“致力于绿色发展的城乡建设”的总体部署和要求，基于建筑业所面临的现状和挑战，系统、全面地对绿色建造与转型发展进行了阐述介绍，旨在探索一条通过绿色建造推动建筑业转型发展的道路，形成建筑业对国民经济发展和生态文明建设的有力支撑，为我国的建筑业转型发展乃至城乡绿色发展提供参考。

目录

01

建筑业发展面临的挑战

- 改革开放 40 多年来，建筑业作为国民经济的支柱产业，为我国经济社会发展、城乡建设和民生改善作出了重要贡献。

- 但也要看到，目前建筑业大而不强，资源消耗大、污染排放高、建造方式粗放、组织方式落后、相关标准尚存差距等问题还较为突出，与国家倡导的“创新、协调、绿色、开放、共享”的新发展理念还存在较大的差距。

- 新时代对建筑业提出了绿色发展要求，建筑业挑战重重、压力巨大，迫切需要转型发展。

1.1 资源消耗大

近年来，我国每年房屋竣工面积一直保持在20亿平方米以上，建筑市场规模始终保持高速增长的态势，统计数据显示，1980年，全国建筑业总产值仅为286.9亿元，2018年达到23.5万亿元，是1980年的819.1倍，年均增长19.3%。大规模的建设活动，持续消耗大量水泥、钢材、木材、水、玻璃等资源，给社会造成巨大的资源压力。目前，每年建筑能源消费总量占全国能源消费总量的20%。我国是水资源最缺乏的国家之一，据初步估算，我国每年施工混凝土搅拌和养护用水为10亿多吨，同时基坑降水排放了大量的地下水资源。据统计，一个大型项目主体结构施工通常消耗数千立方米的木材，特大型项目甚至达到上万立方米；现浇结构用木模板、支护系统，周转仅3~5次就成为建筑垃圾，在工地上堆积如山（图1-1）。

图1-1 施工现场周转材料的浪费

这种“大量建设、大量消耗、大量排放”的建造模式，不仅破坏了生态环境、消耗了大量资源和能源，而且也导致资源供给难以为继，对建筑业的可持续发展已经带来了巨大压力和挑战。矿山、森林、水资源等资源的减少、枯竭已经摆在了我们面前，用之无度、取之有竭，用之不觉、失之难存。在资源利用上，我们不仅要考虑当代人的需要，也必须考虑大自然和后人的需要，把握好自然资源开发利用的度，绝不能突破自然资源承载能力。

1.2 污染排放高

由于目前工程建设主要以传统粗放建造方式为主，在工程建造过程中产生的大量污染排放，已经成为生态文明建设的顽瘴痼疾，始终未能从根本上得到遏制。也由此造成诸多环境负面影响，主要包括：干扰地质环境甚至改变原有特征；改变地下水径流，引发地面沉降；排放大量建筑固体废弃物；产生污水、噪声、强光、扬尘、二氧化碳等污染。

有关资料显示，全国建筑碳排放总量整体呈现持续增长趋势，2016年达到了19.6亿吨，较2000年6.68亿吨增长了约2倍[1]。建造1万平方米建筑产生建筑垃圾量一般在500t以上，并且普遍采取堆放和掩埋的方式处理，综合利用率不足5%，既浪费资源，又破坏生态环境。施工噪声扰民问题依然突出，尤其是夜间施工，环保部门统计数据显示，2017年环境噪声投诉占比中，建筑施工噪声投诉占46.1%。另外，建筑施工中土方开挖与回填、建筑材料装卸与运输、施工垃圾的堆放与清运等也产生了粉尘，提高了空气中PM_{10}的含量，同时粉尘污染也带来大量的$PM_{2.5}$（图1-2）。[2]

根据北京市环保局对$PM_{2.5}$来源的统计分析，扬尘（包括施工扬尘和道路扬尘）所产生的$PM_{2.5}$占北京市本地产生量的16%。[3]这些影

1 中国建筑节能协会：《中国建筑能耗研究报告（2018）》. http://www.cabee.org/site/content/22960.html.

2 陈添、华雷等：《北京市大气PM_{10}源解析研究》，《中国环境检测》2006年第6期。

3 北京市环境保护局监测中心宣教处：《最新科研成果新一轮北京市$PM_{2.5}$来源解析正式发布》. http://sthjj.beijing.gov.cn/bjhrb/xxgk/jgsz/jjgjgszjzz/xcjyc/xwfb/832588/index.html.

图 1-2　施工现场的扬尘

响和破坏环境的负面现象，不仅造成了环境污染，也会直接加大城市管理压力，甚至会带来严重的健康危害和安全隐患。

红坳渣土受纳场特别重大滑坡事故

2015 年深圳光明新区的红坳渣土受纳场发生特别重大滑坡事故，33 栋建筑倒塌，造成 73 人死亡、4 人下落不明、17 人受伤，直接经济损失 8.81 亿元。

1.3 建造方式粗放

长期以来，我国建筑业是一个劳动密集型、粗放式经营的行业，建筑施工主要依靠大量农民工完成，现场施工主要以手工湿作业为主，“出大力、流大汗、脏累差”是建筑业工人的代名词。我国是世界上每年新建建筑量最大的国家。我国每年 20 亿平方米以上的竣工建筑中，相当一部分在投入使用仅 25～30 年后，便会出现墙面开裂甚至漏风、漏筋，屋面漏水等质量问题，极大影响建筑使用寿命。我国每年有大量建筑被拆除，建筑总体使用寿命较短，导致较大浪费，这已成为经济社会发展不容忽视的问题。以深圳为例，这个 20 世纪 80 年代才开始大规模建设的新城，已经很难找到早期的建筑物了。而美国建筑平均寿命 74 年，英国建筑平均寿命 132 年。

建筑品质与每个人的生活息息相关。目前我国开发商提供的新建住宅有 80% 以上仍为“毛坯房”，导致建筑产品是“半成品”，并由此造成建筑功能的不完整和建造过程的残缺（图 1-3）。二次装修既产生大量建筑垃圾、施工扰民、环境污染等社会问题，也带来建筑结构受损、耐久性差、室内空气污染等问题，人民对美好生活需求与建筑品质不高的矛盾十分突出。调研数据显示，当前全国有 40%～60% 的人对室内热环境现状不满意，我国不少建筑室内以甲醛为代表的有机挥发物浓度严重超标，室内装饰装修材料则是室内空气污染的重要来源。

图 1-3　未进行一体化装修的“毛坯房”

1.4 组织方式落后

我国实行工程招投标制以来，基本采用传统平行发包方式，即业主将工程设计、施工等进行拆分，发包给各个独立单位。这种落后的工程建设组织方式，直接导致工程建设主体责任落实不到位，造成人为的条块分割及碎片化，割裂了设计与施工之间的联系，造成施工过程中的设计变更次数增多，带来项目周期延长、管理成本增加、协调工作量大、投资超额、资源浪费等问题。责任层次不清晰、企业的责权利无法做到有效统一，对工程建设质量也造成了很多负面影响。这些问题都直接或间接导致了工程建造的整体效率效益低。

同时，我国工程建设监管一直存在条块分割管理、政出多门的问题。特别是受行业划分的影响，建材行业与建筑行业监管分离。建筑设计、加工制造、施工建造分属不同行业，互相分隔、各自为政。不同部门监督执法依据各自领域的规范性文件，使得工程建设全过程的监管规范性、系统性大大降低。

现行的建设管理体制，基于传统的建筑业施工方式和计划经济，以分部分项工程、资质管理、人员管理等行政方式，人为地将建筑工程分解成若干“碎片”。以一个普通工程为例，分部分项工程招标高达 20～30 项，需要 10～20 家施工单位和监理单位进场施工，业主承担繁重的管理、协调工作和最终质量责任，同时，肢解工程额外增加了分部分项工程之间的衔接，并产生额外的管理和协调费用，无形中也造成工程总造价虚高。

1.5 相关标准尚存差距

长期以来，我国工程建设标准主要还是围绕技术措施和安全要求等方面来制定，对环境保护和资源节约一直重视不够。编制技术和产品标准偏重于“就技术谈技术标准，就产品谈产品标准”的工作模式，缺乏节约优先、保护优先的绿色发展理念。工程建设标准体系存在着节能环保刚性约束不足、指标水平偏低、指标之间相互冲突、国际化程度不高等问题，例如，我国窗的保温性能标准较低（图 1-4）。我国仍在使用影响窗户气密性和使用寿命的低标准的窗户等，与发达国家标准相比存在差距，无法跟上工程建造快速发展形势。

图 1-4　低标准的窗户

我国工程建设设计与施工分离，导致绿色建筑评价中针对绿色施工的内容较少，涉及施工环保要求的强制性条文仍显不足。虽然目前国内对于施工现场减排、降噪和建筑垃圾处理方面有一些研究和标准制定，但仍缺乏系统的控制技术，缺少施工现场扬尘的监测标准，对施工现场废弃物的减量化研究较少，对绿色建造的研究和推进也较少。推广的一些绿色技术尚未完全成熟或应用不当，导致“概念是绿色的，效果是非绿色的”。

丝绸之路（敦煌）国际
Silk Road (Dunhuang) International
敦煌大劇

02

绿色建造概念

- 绿色建造作为一种适合城乡建设实现绿色发展的新型建造方式，要改变传统的“大量建设、大量消耗、大量排放”的生产模式和消费模式。

- 绿色建造全过程实现环保、节约、清洁、安全和高品质、高效率，满足“人、建筑、环境”相互协调的需求，使资源、生产、消费等要素相匹配、相适应，以此促进建筑业的转型发展，实现经济社会发展和生态环境保护协调统一、人与自然和谐共处。

- 绿色建造具有鲜明的时代特征，要遵循以人为本、和谐共生等重要原则。

2.1 什么是绿色建造

绿色建造不仅仅是建造过程的资源节约和环境保护，也不单纯是建造活动的技术进步，而是一个文明的进程，是建筑业摆脱传统粗放建造方式、走向现代建造文明的可持续发展之路。

2.1.1 绿色建造定义

绿色建造是指在绿色发展理念指导下，通过科学管理和技术创新，采用与绿色发展相适应的新型建造方式，节约资源、保护环境、减少污染、提高效率、提升品质，提供优质生态的建筑产品，最大限度地实现人与自然和谐共生，满足人民对美好生活需要的工程建造活动（图 2-1）。

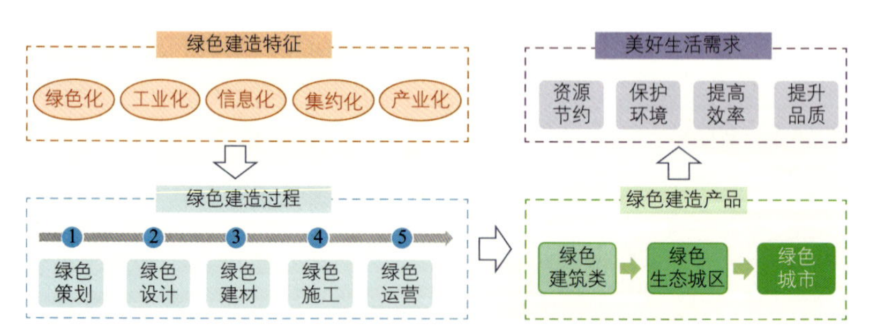

图 2-1　绿色建造含义

《辞海》里对“建造”一词的解释是指建筑、兴建，即将许多材料依设计规格，逐步施工，而成为建筑物或结构物的过程或方式。

建造这一过程或方式从古即有，中国古代建造在建筑史上有着辉煌的一页。古人在没有钢筋和混凝土的情况下，用糯米浆、石灰浆、泥土、木头等材料通过榫卯等工艺技术建造房屋，将土、木等天然材料完美融合，使建筑有了自己的灵魂。古人还用夯土建造的方式，即将红泥、粗砂、石灰等混合在一起，再重力打压使其坚固而建造房子。后来，随着技术水平的提高，用木材、石材制造房子成为主流。而这些材料大都就地取材，经过简单加工而成，不产生“建筑垃圾”，建造方式主要通过人拉肩扛，对环境影响很小，是最原始的“绿色建造”。所以说，绿色建造并不是一个新的事物。

随着社会的发展、城市的出现，人类聚集的密度越来越高，需要更大、更高、更安全的房子，技术的创新促使钢材、钢筋、水泥等现代建筑材料出现，虽然材料的强度和耐久性大幅提升，但环境友好程度也大幅下降。大量的建材生产以及大规模的建造活动对环境的冲击也越来越大，逐渐带来了能耗高、资源消耗大的问题，同时，也带来了建筑产业偏向劳动密集型、人员短缺、质量不稳定的问题，这要求我们必须走上绿色发展的道路。

传统建造方式中有不少“绿色建造”的行为，但还存在很多和新时期发展要求不相适应的弊端。我们在这里谈的是在新时期绿色发展理念指导下，在现代建筑业的人、机、料、法、环等禀赋条件下，如何达到“绿色建造”。工程建造活动一方面要尊重自然、保护自然，结合自然条件实现建筑性能的“绿色”，减少设备能耗；另一方面要因地制宜地应用绿色技术，满足“人、建筑、环境”相互协调的需求，对人类、自然、社会以及文化负责。

《中共中央国务院关于进一步加强城市规划建设管理工作的若干意见》中提出了新时期的建筑方针为“适用、经济、绿色、美观”，与之前相比增加了“绿色”，即工程建造活动要践行“绿色”的理念与要求。绿色建造就是在建造活动中充分体现绿色发展理念，改变传统的“大量建设、大量消耗、大量排放”的生产模式，推进资源全面节约和循环利用，使建筑产品在从设计、生产、运输、施工、运行与维护直到拆除、处理的整个建筑全生命期中，对环境的影响（负作用）大幅降低，资源、能源利用率明显提高，建筑质量和品质全面提升，实现生产系统和生活系统循环链接、城乡建设与生态环境保护协调统一、人与自然和谐共处。故而绿色建造的本质就是新时代满足“绿色”要求的高质量工程建设生产活动，是新时期深化供给侧结构性改革、实施绿色发展、实现生态文明的必然要求，是对传统建造活动全过程、全要素的转型升级。

绿色建造是一个动态的概念，不同地区会因为区域不同、经济发展阶段不同、重点攻坚对象不同而有所不同。绿色建造要充分考虑不同地区经济社会发展阶段、能源资源禀赋、生态环境痛点、产业技术现状等基本情况，并充分反映建设现代化经济体系、调整经济结构、推进能源生产和消费革命、打赢污染防治攻坚战、保障生态环境安全等国家重大发展任务的产业需求。一般而言，绿色建造覆盖了能源节约、资源循环利用、节水与水资源管理、污染防治、生态保护修复、适应气候变化等被普遍认为是绿色的领域，力求全方位推动绿色转型（图 2-2）。绿色建造包括了产业链的绿色策划、设计、生产、施工、运营环节，也包括了产业链末端的生态产品，如绿色建筑、绿色生态城区、绿色城市等。

图 2-2 文瀛湖生态修复

2.1.2 绿色建造特征

建造活动绿色化。在生态文明约束下的自律是建造活动进步的集中表现。这种建造文明的技术路线和创新方向就是建造活动的绿色化，即通过对传统建造活动的绿色化改造以及科技创新、标准提升，积极引导和推动各种新材料、新技术、新工艺向节约资源、保护环境方向转型，实现更高层次、更高水平的质量、安全与生态品质。建造过程的环保、节约、清洁、安全和高品质、高效率，即为绿色化（图 2-3）。

图 2-3　建造中的中国尊项目
图片来源：中国建筑第三工程局有限公司

建造方式工业化。绿色建造是建造方式的重大变革，这种变革是指由传统粗放的建造方式向新型工业化建造方式转变。新型工业化是建筑业整体素质的全面提升，而不是单纯地推广应用一些新的技术体系或装配化新工艺就可以达到的目标。要以信息化带动工业化，以工业化融合信息化，走科技含量高、经济效益好、资源消耗低、环境污染少、人力资源优势得到充分发挥的工业化道路。新型工业化就是运用现代工业化的组织方式和生产手段，对建筑生产全过程的各个阶段和各个生产要素的系统集成和整合。

建造手段信息化。工业化与信息化深度融合是发展绿色建造的基本方向。信息化作为手段，不仅可以促进建造活动技术进步、提高效率，实现绿色化和增强精益化，而且将导致生产方式的根本性变革，极大地促进建造活动整体素质的提升。实现建筑行业信息化，就必须通过信息互联技术与企业生产技术和管理深度融合，实现建造活动的数字化和精益化，从而提高效率，进而提升社会生产力。

建造管理集约化。集约化是绿色建造科学管理的集中体现。集约化就是集合人、机、料、管等生产要素，进行资源整合和统一配置，以节约、高效为价值取向，达到整体效益最大化。

建造过程产业化。产业化是建造方式产业链的产业化。发展绿色建造必须要发展循环经济，把设计、采购、生产、施工和运营等上下游企业整合成完整的绿色产业链，进行产业要素的转型升级，充分体现专业化分工和社会化协作，充分体现以产品为导向的集成能力和组织管理的协同能力，以此来提升绿色建造的发展质量，提高建造活动的经济效益、社会效益和生态效益。

2.2 绿色建造的原则

发展绿色建造是关系到城乡建设能否落实国家生态文明建设要求，是否实现绿色发展的重大问题。城乡建设是国民经济与社会发展的重要组成部分，与人民群众对美好生活的向往息息相关，大力推进生态文明建设，提供优质生态的建造产品，不断满足人民日益增长的优美生态环境需要，是城乡建设的职责所在。在新时代，致力于绿色发展的城乡建设，推动绿色建造发展，必须坚持以下原则：

第一，坚持以人为本、和谐共生原则。习近平总书记指出，“人与自然是生命共同体，生态环境没有替代品，用之不觉，失之难存”。建造活动的本质是满足人民对美好生活的需要，建造过程是人与自然能否和谐共生的博弈。当建造活动合理开发利用资源、友好保护环境时，环境会给人带来美好生活，否则，将会受到环境的无情惩罚；通过采用新型建造方式，建造出技术含量高、经济效益好、用户体验优的高品质、高性能建筑产品，满足人民美好生活需要，同时，在建造过程中实现资源消耗低、环境污染小、满足人民对优美生态环境需要，由此体现了以人为本、人与自然和谐共生。

第二，坚持系统推进、统筹兼顾原则。绿色建造是系统工程，要从全局角度寻求新的发展模式，不能头痛医头、脚痛医脚，各管一摊、相互掣肘，而必须统筹兼顾、整体施策、多措并举。要按照系统工程理论，全方位、全行业、全过程发展绿色建造方式，加快形成绿色发展方式、生产方式、生活方式。绿色建造要运用一体化建造方式系统推进，对包括策划、设计、生产、施工和运维等环节进行统一筹划与协调；对工程的生态、节约、性能、品质、效率、质量、安全、进度、成本、人文等全要素进行一体化统筹与平衡。同时，在统筹过程中进行融合与集成创新，实现工业化建造与信息化手段融合、建筑业与制造业的理念和装备融合、建筑工地与工厂融合发展，提高工程建造的生产力和效率，实现更高水平的资源节约与环境保护。

第三，坚持创新驱动、转型发展原则。强化创新引领作用，通过新材料、新装备、新技术的科技创新和集约化的管理创新以及标准创新，不断完善与绿色发展相适应的新型建造方式。在绿色发展理念指导下，结合建筑业供给侧结构性改革，不断深化体制机制改革和科技创新，将发展绿色建造与建筑业转型升级、创新发展有机结合，为绿色发展注入强大动力。

2.3 绿色建造与绿色发展的关系

建筑业是国民经济支柱产业，正由高速增长阶段向高质量发展阶段转变，必须坚定不移地走以生态优先、绿色发展为导向的高质量发展新路子，树立在绿色发展中转型升级的理念，实现保护与转型并重、建造活动与绿色发展同步、经济发展与生态文明协调的良好发展格局。

2.3.1 绿色发展是实现建筑业转型发展的必由之路

绿色发展是新发展理念的重要组成部分，与创新发展、协调发展、开放发展、共享发展相辅相成、相互作用，是构建高质量现代化经济体系的必然要求。建筑业作为支撑国民经济增长、社会发展和民生改善的支柱产业，目前，“大量建设、大量消耗、大量排放”的传统建造方式，发展质量不高，与资源承载力不匹配，与新时代经济发展不适应，导致资源、生产和消费等要素间的矛盾日益突出，已难以为继。面对新时代、新形势、新任务，尤其是发展观的深刻革命和发展方式的深刻转变，通过行业的改革发展，实施供给侧结构性改革，大力发展新型建造方式，培育新产业、新动能等举措，形成绿色生产力，实现技术与管理、产业和经济的紧密结合，只有这样才能将绿色发展理念落到实处，才能真正实现产业转型升级，才能促进中国建造从中低端向中高端迈进，才能走出一条适合中国国情的高质量发展之路。

2.3.2　绿色建造是以绿色发展为根本的建造方式

城乡建设不仅是物质空间建设活动，也是推动形成绿色发展方式和生活方式的主要载体。在城乡建设领域形成绿色发展方式、绿色消费方式，加快建设资源节约型、环境友好型社会，形成人与自然和谐发展现代化建设新格局，已成为建筑业转型发展的必然要求，是高质量发展的根本方向。因此需要改变落后建造方式，采用新型建造方式，从根本上解决建造活动资源消耗大、污染排放高、品质与效率低的问题。绿色建造作为新时代建造方式，以绿色发展为根本，把经济效益、环境效益和社会效益最大化作为根本要求，采用以绿色化、工业化、信息化、集约化和产业化为主要特征的建造方式，在建造过程中最大限度节约资源、保护环境、提高效率，建造出安全耐久、资源节约、环境宜居、健康舒适、生活便利的生态产品，推动城乡建设迈入生产发展、生活富裕、生态良好的文明发展道路，实现人与自然和谐共生。

2.3.3　在绿色发展理念下通过绿色建造推动转型发展

在建筑业转型发展进程中，需要切实增强推进生态文明建设的责任感、使命感和紧迫感，坚定不移地走绿色发展的道路，树立在转型发展中保护环境、在绿色发展中实现转型升级的理念。城乡建设要实现绿色发展离不开绿色建造，绿色建造是城乡建设实现绿色发展的重要基础。绿色建造作为新型建造方式，是对传统粗放生产方式的深刻变革。通过技术与管理创新，积极引导和推动各种新材料、新技术、新工艺向节约资源、保护环境方向转型，完善产业链，形成生产系统与生活系统循环链接，在产业链上充分体现专业化分工和社会化协作，实现产业结构的变革。因此，发展绿色建造，可以提高建筑业资源利用水平，厉行环境保护要求，实现更高层次、更高水平的生态效益，实现经济价值和绿色价值的协同创造，全面推动建筑业在全领域、全过程、全产业链的转型升级。

2.4 国内外绿色建造发展现状

2.4.1 国外绿色建造发展现状

绿色建造在发达国家经历了从萌芽、探索到发展的演变。20 世纪 70 年代，发达国家开始开展绿色环保等专项工作，为绿色建造的发展积累了技术和经验。到 20 世纪末，发达国家的建造活动逐步将可持续发展确立为根本理念，有关立法、评价体系、示范工程等得以确立和实施。21 世纪以来，在前期探索和实践的基础上，绿色建造在发达国家得到较快的普及与推广，成为建造领域的主导发展方向。

美国、英国、日本等发达国家对绿色建造的要求非常严格，在绿色建造相关政策、法律法规、标准规范等方面形成了健全的体系和良好的运转机制。在推进绿色建造过程中，政府起到了主导的作用，建立了推进绿色建造的相关法律、法规体系，如：美国的《能源独立安全草案 2007》《能源政策法案 2005》、英国的《伦敦拆除与建造场地实施规范》、日本的《建筑基准法》、新加坡的《绿色与优雅施工指引》等绿色建造相关法规。在法律、法规的引导下，发达国家的施工现场清洁、干净，对环境的影响进一步降低，也提高了资源的回收利用率。例如，新加坡对建造过程中的化学用品应用提出了严格的控制要求，所有的油漆、涂料不能进入自然环境中，所使用的杀虫剂、清洁剂等消耗品必须为环境友好型产品。

在国外，行业协会与龙头企业在绿色建造方面发挥了规范与协调作用。行业协会一方面参与甚至主导制定行业规范、标准；另一方面，代表企业与政府进行谈判，协调行业内外的利益关系。如：英国通过行业协会发布了《土木工程环境质量评价标准》《建筑现场环境管理手册》《建筑物环境绩效评价框架》《可持续建筑工程产品分类核心规则》等一系列绿色建造标准和导则。

龙头企业也发挥了重大作用。如美国最大的承包商柏克德（BECHTEL）公司制定的《SHE 手册》、美国绿色建筑先驱特纳（Turner）公司制定的《绿色建筑总承包商指南》，实现了对行业的规范和引导。龙头企业还发挥了带动作用。如：法国最大的建筑承包商万喜公司早在 2006 年就向世界作出绿色施工的承诺，同时每年投入大量费用进行绿色建造技术的研发，开发了多种针对绿色建造的技术。瑞典斯堪斯卡公司提出了以保护生态环境和保障工人健康等为目标的“5 个零”可持续发展目标，包括零项目亏损、零环境事故、零工人受伤、零违反法规、零意外事故。[1]

1 肖绪文、冯大阔：《国内外绿色建造推进现状研究》，《建筑技术开发》2015 年第 2 期。

发达国家基本上已经建立了齐全的绿色建造标准体系，为绿色建造的发展提供了可靠的实施依据。同时，随着对绿色建造的要求提高，各国平均每 5 年左右均会对标准进行修编。例如，在绿色建造的能源节约方面，欧盟 2010 年修订的《建筑能效指令》要求欧盟国家在 2020 年前，所有新建建筑达到近零能耗水平。美国建筑师协会提出的“建筑 2030”计划，则要求 2030 年之后所有新建建筑实现净零能耗。

发达国家普遍重视工程策划、设计、建材选用施工一体化的绿色建造，除普遍采用工程总承包模式外，还有一个重要因素就是采用多参与方一体化协同的实施模式，协同模式非常有利于绿色建造的推进，不但广泛应用于单体建筑，甚至在城区的建设中也进行了应用。例如，著名生态城市——哈马碧滨水新城项目，采用工作营的形式，把相关方整合在一起工作，形成了独特的绿色工作链，方案一经制定，就不轻易更改，这使得策划和设计意图能够得到很好体现，也使施工过程能够合理安排，从而保证建造的绿色效果，形成了“哈马碧模式”（图 2-4）。

图 2-4 哈马碧滨水新城

图片来源：瑞典 SWECO 公司

发达国家普遍注重施工过程中的节能减排技术、工业化和信息化等相关技术的应用。清洁施工、环保施工，施工场地清静、清洁，使用高效的环保型工程机械作业已经非常普遍；发达国家普遍实现了建筑部件工厂化预制和装配化施工，形成了本国工业化建筑体系和与之配套的主导材料和产品。

同时，发达国家也注重通过信息化来提升效率，如：日本于1989年提出智能建造系统，且于1994年启动了先进建造国际合作研究项目，其中包括分布智能系统控制等技术；美国于1992年执行新技术政策，大力支持信息技术和智能建造技术；欧盟于1994年启动新的研发项目，包括39项核心技术。[1]

1 毛志兵主编《建筑工程新型建造方式》，中国建筑工业出版社，2018，第4-5页。

发达国家普遍重视绿色建造技术的集成和创新。重点是对成熟、实用的技术与产品的集成，同时重视绿色建造技术创新，更注重使用后的绿色效果，实现真正意义上的绿色建造。绿色建造技术创新从对建筑技术本身的研究发展到运筹学、社会学、地理学、信息系统论等学科的融合；从关注单体建筑发展到关注区域布局优化和绿色设计技术创新；从主要考虑建筑产品的功能、质量、成本到更多地关注建筑与环境、社会和经济的平衡协调；从施工技术工艺创新改进、设备更新向绿色施工整体策划与实施发展等，均实现了对绿色建造的良好突破，实施效果颇为明显。[2]

2 肖绪文：《绿色建造发展现状及发展战略》，《施工技术》2018年第6期。

在装配式建造方面，美国在20世纪70年代能源危机期间开始实施配件化施工和机械化生产。美国城市住宅结构基本上以工厂化的混凝土装配式和钢结构装配式为主，降低了建设成本，提高了构件通用性，增加了施工的可操作性（图2-5）。

目前在德国，装配式建筑主要采用混凝土剪力墙结构体系，使用减少模板的“双皮墙＋叠合楼板”技术体系，其他构件如梁、柱、内墙板、外挂板、阳台板等也多采用装配式混凝土构件，耐久性较好（图2-6）。此外，瑞典、丹麦、日本、新加坡等发达国家也制定了装配式建筑的相关标准和政策，进行了装配式建筑的建设实践。

此外，木结构装配式建筑在加拿大、日本等国家蓬勃发展，在低层建筑中占一半以上。同时，加拿大等国家也在积极探索中高层木结构建筑。加拿大不列颠哥伦比亚大学校园内的18层全木结构公寓为

图 2-5　建筑构件生产线

图片来源：中国中建设计集团有限公司

图 2-6　柏林 Tour Total 大厦 混凝土预制装配式建筑

图片来源：住房和城乡建设部科技与产业化发展中心

目前加拿大最大的木结构建筑。从 2016 年 7 月初第一片楼板安装开始计算，整个木结构部分只用了不到一个半月的时间就全部完成，充分体现了装配式木结构建筑快速施工的特点（图 2-7）。

图 2-7　加拿大不列颠哥伦比亚大学校园 18 层全木结构公寓
图片来源：加拿大木业协会

建筑垃圾资源化利用已经成为建筑垃圾处理的主要方式。欧盟国家大部分建筑垃圾回收后都能经过有效处理重新成为建材得到重复利用。如德国建筑垃圾回收利用率高达 87%，这有赖于政府建立废弃物回收再利用的标准，为再生建材质量打好基础，同时通过政策倾斜保证再生建材的市场竞争力。英国重点关注从源头上减少建筑垃圾的产生，英国皇家建筑师协会指出减少建筑垃圾的最佳时机是在整个建造过程的最开始阶段，所以促使设计师在设计过程中减少建筑垃圾的产生具有重要意义。

美国苹果公司新总部大楼

美国苹果公司新总部大楼充分体现了绿色建造带来的建筑业变革，形成规模化定制交付工业级品质产品的未来建筑发展模式。与常规建筑相比，苹果公司新总部大楼发生了四方面变革：一是装配式部品部件个性定制，满足个性化需求；二是产品精度达到毫米级，实现工业级精益建造品质；三是绿色驱动，提供以人为本的绿色健康建筑产品；四是节能技术应用，打造零能耗建筑产品（图 2-8）。

图 2-8　苹果公司新总部大楼

发达国家注重培育和提升绿色建造的理念，具有很强的推进绿色建造的意识和自觉性，这使得建造出来的建筑具有形式和功能相结合、使用和生态相统一的特点。例如，日本的鹿岛建设、熊谷组、大林组等公司都明确绿色战略，建立了完整的绿色管理体系来开展绿色建造行动，每年发布社会责任报告和可持续发展报告，明确目标、计划和实际执行情况，并详细报告公司年度资源投入与能源消耗量、二氧化碳排放量统计、绿色采购等情况（详见第六章案例）。

2.4.2 国内绿色建造发展现状

与发达国家相比，我国绿色建造起步较晚，目前出台了相应的法律、法规，颁布了一系列绿色建筑、绿色施工相关政策、标准，为全面推进绿色建造打下了良好基础。政府把绿色生态工作作为重点任务来抓，绝大多数城市把绿色生态纳入发展规划，呈现良好的态势。但目前我国绿色建造在政策标准的完善性、技术体系的先进性等方面还有很大的提升空间。

国家关于节能减排和保护环境出台了《中华人民共和国环境保护法》《中华人民共和国节约能源法》《中华人民共和国大气污染防治法》《中华人民共和国可再生能源法》《民用建筑节能条例》等一系列法律法规，为推动建筑业绿色发展，提供了强有力的政策法规支撑。

由于我国绝大多数工程项目设计和施工分属于设计单位和施工单位，仅有少数工程项目采用了设计施工一体化模式。因此，在绿色建造方面，两者是各自推进、独立发展的，我国的绿色建造发展现状主要表现在绿色设计和绿色施工两个方面。

我国绿色设计工作起步于 1986 年建筑节能工作。为了缓解能源供应和经济发展不协调的矛盾，我国 20 世纪 80 年代开始实施第一步节能，节能率 30%；1995 年开始实施第二步节能，节能率 50%；2010

年前后开始实施第三步节能，节能率 65%，甚至第四步节能，节能率 75%；目前一些先进省份已开始部署第五步节能，节能率 82% 左右。建筑节能的实施为建筑业节能减排打下了坚实基础。

随着我国对节约资源、保护环境等综合问题的重视，政府更加注重建筑的综合效益。我国于 2006 年颁布了国内第一个绿色建筑评价标准，开启了绿色建筑建设工作。2013 年国家发布了《绿色建筑行动方案》，提出了“十二五”期间，完成新建绿色建筑 10 亿平方米的目标。随着国家大力推进，江苏、浙江、河北、辽宁等地方出台了绿色建筑发展条例，通过地方立法的形式全面推进绿色建筑，部分省市或地区已开始全部执行一星级以上绿色建筑，绿色建筑项目数量表现出了强劲的增长态势。截至 2018 年 12 月，全国累计建成绿色建筑 25 亿平方米，城镇新建建筑执行绿色建筑标准比例超过 40%。涌现了一批优秀绿色建筑项目，如深圳建科大楼、中国石油大厦（图 2-9）等，但总体上来说绿色建筑覆盖面不够广，能够获得全面绿色运营效果的项目还很少。

图 2-9　中国石油大厦

图片来源：中国石油天然气集团有限公司

例如，中国石油大厦通过对诸多先进技术的合理集成，实现了“科技、节能、环保、智能、舒适”的建设目标。项目获得了全国优秀工程勘察设计行业建筑工程一等奖、国家优质工程——鲁班奖、住房和城乡建设部科技示范工程、绿色建筑三星级运营标识、美国绿色能源与环境设计先峰（Leadership in Energy and Environmental Design，简称 LEED）金级认证、健康建筑三星级运营标识等荣誉。

为了深入推动建筑节能减排，提升建筑品质，住房和城乡建设部从 2008 年开始对欧洲被动式建筑标准和技术进行了系统的研究，并在国内开展了示范，推动了我国绿色高品质建筑——被动式超低能耗建筑的建设，取得了很好的效果。截至 2018 年底，全国各地的被动式低能耗项目已有 1000 余个。

随着绿色建筑的发展，中国也有越来越多的城市开始推进绿色建筑的规模化工作，开展了绿色生态城区的规划建设实践。截至 2012 年 4 月，提出以“生态城市”或“低碳城市”等生态型的发展模式为城市发展目标的城市或城区共有 280 个，占相关城市比例的 97.6%。[1]

1 李迅、李冰：《绿色生态城区发展现状与趋势》，《城市发展研究》2016 年第 10 期。

我国绿色施工起步于 2003 年，以北京奥运场馆建设为契机，北京市政府率先颁布了《奥运工程绿色施工指南》，提出了奥运场馆绿色施工的建设方向，开启了以绿色贯穿建筑工程整个施工过程管理的序幕。2007 年 9 月，住房和城乡建设部印发了《绿色施工导则》，对建筑工程实施绿色施工提出了指导意见；随后又发布了《建筑工程绿色施工评价标准》《建筑工程绿色施工规范》，这标志着我国建筑业开始全面实施绿色施工。

随着我国绿色施工的大力推进，绿色施工由开始的概念普及发展到个案实施再到创先争优发展迅猛，截至 2016 年 11 月，全国共有 1000 余个工程项目通过绿色施工示范工程立项，有 377 个工程项目通过绿色施工示范工程验收并达到优良标准等级。目前，绿色的理念已逐渐深入各级施工企业和工程项目管理中，施工过程中节水、节材、节能、节地、环境保护等技术的应用，推动了合理使用和利用资源、减少垃圾和污染物的排放，减少了施工过程对环境的影响，为绿色建造的全面开展奠定了良好基础（图 2-10）。但绿色施工在推广的同时，也存在设计和施工脱节、大多数承包商开展绿色施工主动性不强、技术简单堆积、技术创新不够、过程评估和产品评价协同不够等问题。

图 2-10 绿色工地

我国建筑工业化始于 20 世纪 50 年代，在苏联建筑工业化影响下，我国建筑行业开始走预制装配的建筑工业化道路，发展装配式建筑与国家推进建筑工业化和住宅产业现代化是一脉相承的。1956 年，国务院发布了《关于加强和发展建筑工业的决定》，首次提出了建筑工业化。20 世纪 70—80 年代，在部分城市建设了一批大板建筑，预制构件的应用得到了长足发展，形成了多种装配式体系。1999 年，国务院办公厅发布了《关于推进住宅产业现代化提高住宅质量的若干意见》，提出推进住宅产业化发展。李克强总理在 2015 年 12 月的中央城市工作会议上提出“要大力推动建造方式创新，以推广装配式建筑为重点，通过标准化设计、工厂化生产、装配化施工、一体化装修、信息化管理、智能化应用，促进建筑产业转型升级”。2016年以来，随着《中共中央 国务院关于进一步加强城市规划建设管理工作的若干意见》《国务院办公厅关于大力发展装配式建筑的指导意见》《中共中央 国务院关于开展质量提升行动的指导意见》等一系列重要文件的实施，我国装配式建筑迎来了新的发展机遇。2017年，国家标准《装配式建筑评价标准》颁布实施，住房和城乡建设部公布了首批30个装配式建筑示范城市，公布了195个装配式产业基地，涉及27个省（区、市），产业类型涵盖设计、生产、施工、装备制造、运行维护和科技研发等全产业链，这也标志着装配式建筑从试点示范走向全面发展期。

我国对建造过程的信息技术应用和研究，开始于20世纪80年代末。最初的研究在信息技术方面取得了一些成果，主要以实现电子图纸和信息化项目管理系统为主。而进入21世纪以来，智能化技术在我国迅速发展，在许多重点项目上取得了成果。在广州西塔、上海金融中心、中国尊、雄安市民服务中心等多个项目上，建筑信息模型（Building Information Modeling，简称BIM）技术开始全面进入设计和施工管理过程，图像识别摄像头、无人机、施工机器人、智能加工生产线等一大批信息化设备不断投入使用，极大提高了智慧建造的水平。信息技术虽然有了较大提高，但总体上还处于初步发展阶段，处于跟着发达国家走的状态，存在技术应用比较单一、创新不强、推进环境尚未形成等问题。

03

绿色建造路径

- 绿色建造要从工程策划、设计、建材采用、施工等阶段进行全面绿色统筹，提高资源利用水平，厉行环境保护，以绿色化、工业化、信息化、集约化和产业化改造传统建造方式，切实把绿色发展理念融入生产方式的全要素、全过程和各环节，实现更高层次、更高水平的生态效益，为人民提供生态优质的建筑产品和服务，促进整个行业的转型发展。

3.1 实施资源节约

资源节约水平的提高，既要从细节入手，追求每个环节的绿色，又要从系统性、全局性的角度，将策划、设计、施工等建造全过程各阶段一体化考虑，实现全过程整体效益的最大化。

3.1.1 材料资源的节约

建筑材料是绿色建造的物质基础，目前建筑业耗材数量巨大，浪费严重，使我国人均资源匮乏的不利状况更加突出，所以材料资源的节约是绿色建造的重中之重。绿色建造要下好节约材料这盘棋，应在选材和用材上加大力度，在保证安全质量的前提下，按照节约优先的原则，统筹兼顾策划、设计、施工等阶段，通过减量化、资源化、可循环的方式，实现材料资源节约的目标。

（1）减量化

按照系统工程理论和方法，牢固贯彻节约意识，通过技术措施和管理措施也能够实现用更少的材料建造出更好的建筑。

要从建筑设计源头节约材料。在建筑策划和设计阶段要积极响应“适用、经济、绿色、美观”的建筑方针，选定适当的建筑形式，以及适宜的建筑高度、体量、结构形态。不搞“奇奇怪怪的建筑”，避免为保证结构安全增加构件尺寸，或纯粹为了造型，增加一些塔、球、曲面等无使用功能的构件，从而增加材料用量。

设计时应使建筑物的建筑功能具备灵活性、适应性和易于维护性，以便使建筑物在结束其原设计用途之后稍加改造即可用作其他用途，或者使建筑物便于维护而尽可能延长使用寿命。如，对于可租赁的商业、办公建筑，充分考虑运营阶段的租赁需求，在租赁区域采用灵活隔断。在项目改变功能或使用方时，可以通过对灵活隔断的调整，实现使用功能的变化，满足不同业主的需求，避免材料的浪费（图 3-1）。

图 3-1　采用土建装修一体化设计施工、灵活隔断的办公空间
图片来源：中新天津生态城建设局

设计时对建筑结构方案进行充分优化，在满足建筑功能和需求的前提下，对地基基础、结构主体形式、结构构件选型进行充分比较，选用安全、经济、适用的结构方案，减少材料的浪费。例如，南京新华大厦进行结构设计时，采用结构设计优化方案，节约材料达 20%。[1]

1　赵霄龙、张仁瑜：《建筑节材，功在当代，利在千秋》，《住宅产业》2006 年第 6 期。

采用土建工程与装修工程一体化设计，并采用装配式装修，使土建与装修紧密结合，做到无缝对接，事先进行孔洞预留和装修面层固定件预埋，避免在装修时对已有建筑构件打凿、穿孔。这样既可减少设计的反复，又可保证结构的安全，减少材料消耗，并降低装修成本。

设计时遵循模数协调原则，采用工厂生产的标准规格的预制成品或部品（图 3-2），以工业化的流水线生产代替传统粗放的手工作业（图 3-3），大幅减少传统施工中因工人技术水平参差不齐、生产条件限制所带来的混凝土、砂浆、水、模板等材料的浪费，减少施工废料量。

图 3-2　工厂生产的标准规格的预制部品

图 3-3　工业化的流水线生产

选用高强度、耐久性建筑材料。例如采用高性能混凝土，有利于减轻结构自重，可以减小下部承重结构的尺寸，从而减少材料消耗；[1]可以延长建筑物的使用寿命，减少维修次数，在客观上避免建筑物过早维修或拆除而造成的巨大浪费；降低混凝土消耗量，节约水泥生产所消耗的石灰石等自然资源，减少水泥生产过程中的废物排放量，有利于环保。

1 毛志兵主编《建筑工程新型建造方式》，中国建筑工业出版社，2018，第145页。

采用信息化协同管理。利用三维 BIM 技术通过建立信息模型将工程项目所有施工工艺和施工工序进行虚拟仿真模拟，提前发现设计偏差，排查施工隐患，合理安排施工进度，避免返工浪费，做到施工过程零返工、垃圾和废弃物低量产生和排放；实现设计、加工、施工的一体化协同，避免优材劣用、长材短用、大材小用等不合理现象，减少建筑材料浪费及建筑垃圾的产生。

对施工过程进行合理策划，减少施工过程材料的浪费。采用商品混凝土和商品砂浆比现场搅拌可节约水泥 10%，同时，能减少砂石现场散堆放、倒放等造成的损失达 5%～7%；[2]采用道路、围墙、给排水、变配电设备的永临结合，即在施工过程中既按照永久使用的要求配置相关设施，并在竣工后继续使用，也可以大量减少材料的浪费。

2 安平：《公路工程绿色施工》，载《2012年9月建筑科技与管理学术交流会论文集》，2012，第208-209页。

（2）可循环

采用可循环和再利用的建筑材料，可以减少生产加工新材料带来的资源、能源消耗和环境污染。如采用金属、玻璃、木材、塑料、石膏等可再循环材料，在拆除后通过加工又可以生产新的建筑材料，不断循环使用；如有些材质的门、窗、砌块等可再利用材料，在拆除后可以直接或经过简单组合、修复后再利用。建筑中采用的可再循环建筑材料和再利用建筑材料，可以减少天然原材料的消耗，具有良好的经济、社会和环境效益（图 3-4）。

施工周转材料的循环使用方面，模板、脚手架等周转材料的循环也是绿色建造中的一个重要内容，是节材必须考虑的问题。目前国内生产的竹（木）胶合板大都为低质易耗的素面板，有的还使用劣质粘

图 3-4 可重复利用的集成房屋

结剂，板材质量差，使用 3～5 次就报废了，而国外的模板周转使用在 20 次以上。[1] 施工前应对模板工程的方案进行优化，通过采用铝合金模板、塑料模板等周转次数多、耐久性高、使用寿命长的环保型模板取代木模，以减少施工现场固体废弃物的产生。采用电动桥式等新型脚手架，不仅施工安全可靠，装拆速度快，而且脚手架用钢量可减少 30%～50%，装拆功效提高 2 倍以上（图 3-5）。

1 王有为:《中国绿色施工解析》,《施工技术》2008 年第 6 期。

图 3-5 电动桥式脚手架
图片来源：中国建筑业协会绿色建造与施工分会

（3）资源化

粉煤灰、矿渣、煤矸石、稻壳灰、淤泥及各种尾矿、废弃混凝土及其他垃圾等侵占土地，污染水体、土壤和大气，也给市容带来影响，造成安全隐患。对垃圾进行循环利用，不仅降低了垃圾清运费用，而且大大缓解了建材供需矛盾，改善了区域的环境质量。

建筑垃圾资源化。将建筑垃圾进行回收，进行再加工，然后作为原料生产砌块、再生混凝土，实现了建材的循环利用。建筑垃圾也可以为城市营造景观。

天津堆山公园

天津市最大规模的人造山占地约 40 万平方米，利用建筑垃圾 500 万立方米，用 3 年时间建成一个“山水相绕、移步换景”的特色景观，如今已成为天津的大型城市公园，为市民提供了良好的游览休闲空间（图 3-6）。

图 3-6　天津堆山公园

工业废料再利用。进行混凝土天然骨料替代，比如利用高炉矿渣作为水泥的混合材，利用工业固体废弃物生产墙体材料，为节约天然砂石资源提供了有效途径。

焦作的煤矸石再利用

焦作市大力发展煤矸石再利用技术，利用废弃的煤矸石生产水泥、烧制砖、路基路面材料等。通过合理的开发利用，煤矸石废弃地成为一个新的生态综合体、生态景观场所、特色旅游地和科教场地，从而产生了良好的经济、环境效益（图 3-7）。

图 3-7　煤矸石再利用

废弃植物纤维资源化应用。废弃植物纤维主要是指农作物秸秆、废弃木质材料、废弃竹子等，废弃植物纤维由于具有很多良好的性能，在建筑材料中应用具有一定的性能潜力。例如，采用廉价的废弃植物纤维作为主要原材料之一，开发绿色环保型植物纤维增强水泥基建筑材料。

3.1.2 能源的节约

建筑业作为用能大户，发展方式粗放，能源利用效率低，带来了环境、生态和气候变化等领域一系列问题。因此建筑全生命期优化能源结构、提高能源效率，推进能源革命，对于破解资源环境约束具有重要现实意义和深远战略意义。

绿色建造在策划、设计、施工、运营全过程通过“开源节流”统筹，改变粗放型能源消费方式，科学管控低效用能；提高能源利用效率，推动建筑产业结构和能源消费结构双优化，推进能源梯级利用、循环利用和能源资源综合利用；扩大可再生能源的利用规模、提高可再生能源在建筑业能源消费中的比重，形成优先开发利用可再生能源的能源发展共识，积极推动各类可再生能源多元发展。

积极推广可再生能源应用，因地制宜推进太阳能、地热能、风能、生物质能等各类可再生能源的深度、复合应用。实施可再生能源清洁供暖工程，利用太阳能、空气热能、地热能等满足建筑供暖需求。鼓励在具备条件的建筑工程中应用太阳能光伏系统。推广高效空气源热泵技术及产品。

推动加快实施更高水平节能强制性标准，提高建筑门窗等关键部位节能性能要求，引导重点城市或区域率先实施高于国家标准要求的地方标准，在所在地方树立引领标杆。积极开展超低能耗建筑、近零能耗建筑建设示范，提炼策划、设计、施工、运行维护等环节共性关键技术，引领节能标准提升进程，在具备条件的园区、街区推动超低能耗建筑集中连片建设。鼓励开展零能耗建筑建设试点（图 3-8）。

建立建筑能耗监管平台，实施基于限额的用能价格差别化政策，在用能限额指标制定、电力需求侧管理等方面以数据为支撑，强化建筑能耗限额差异化和精细化管理。将用能总量或强度超过地区同类型建筑平均水平的建筑确定为重点监管建筑，建立重点监管建筑能源监控、能耗统计、能源审计和定期公示制度，充分发挥社会监督作用。

图 3-8　钢结构模块化零能耗示范项目

施工过程能源消耗主要集中在电耗和油耗，绿色建造倡导选择低能耗机械设备如变频塔吊和外用电梯进行施工，合理安排施工顺序，发挥设备能效最大化。施工现场临时照明，尽量选择发光二极管（Light Emitting Diode，简称 LED）节能灯具，充分利用太阳能路灯照明，根据区域气候，合理选择太阳能或空气能淋浴设备（图 3-9），严格用电制度，保证施工过程节约能源。

图 3-9　施工现场的太阳能热水系统

3.1.3 水资源的节约

我国淡水资源短缺形势日益严峻，绿色建造在策划、设计、施工各阶段调整用水结构，开源节流提高用水效率，改变建筑业粗放的用水习惯，对于破解水资源水环境制约问题，促进经济发展方式加快转变，推动绿色发展保障国家水安全，推进生态文明建设，具有十分重要的意义。可以从以下几个方面实施水资源的节约：

减少用水量。首先要节流堵漏，要找出浪费水的根源，如高耗水的设备和器具，管道、设备的漏水，使用过程中的无效用水，以及因管理造成的浪费。其次要循环使用水、梯级用水、一水多用，充分发挥水资源的潜在效能。最后使用非传统水资源，将再生水、雨水、海水等传统水资源之外的水利用起来，以缓解淡水资源短缺的现状（图 3-10）。

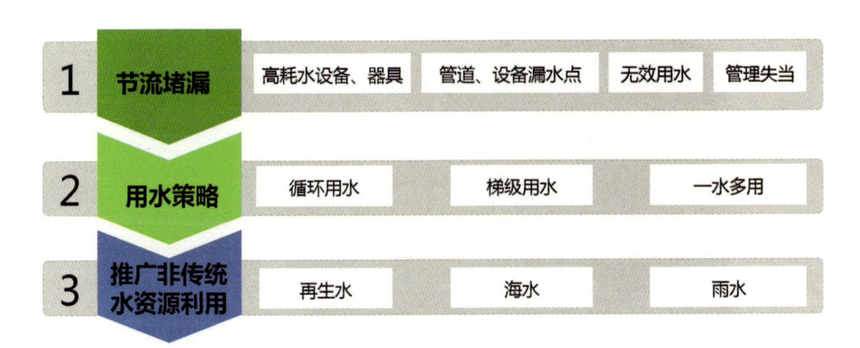

图 3-10　非传统水源利用

统筹水资源。评估水资源承载能力，以水定产，建立区域水循环利用体系，充分利用河道、湖泊和绿地等生态系统对水资源的调蓄能力，强化地下水涵养与保护，积极发展非常规水源利用，把再生水、雨水、海水等非常规水源纳入区域水资源统一配置。

加大节水器具使用力度。加大力度研发和推广应用节水型设备和器具，禁止采用不符合节水标准的产品、设备。推进节水产品推广和普及，采用节水器具，有效减少用水的跑、冒、滴、漏现象，节约用水。

推广非传统水源应用。绿色建造鼓励集中雨水，因地制宜地建设雨水箱、储水罐等雨水收集设施（图 3-11），实现雨水就地就近收集利用，经沉淀后用于施工现场绿化、洗车和降温降尘。对于缺水地区，绿色建造鼓励施工现场购买市政中水用于施工现场降尘。

图 3-11　PP（Polypropylene）模块雨水调蓄池

强化基坑降水管理。基坑降水排放了大量的地下水资源，应把基坑降水作为节水重点，以尽可能少抽水为原则，鼓励深基坑采用止水帷幕和封闭降水措施，通过基坑支护桩间做旋喷桩，与支护桩桩体形成隔水屏障，阻止或减少基坑侧壁及坑底地下水流入基坑，以减少对地下水的抽取。当不得不抽取地下水时，采取有效措施进行地下水回灌，或是通过降尘、绿化和洗车加以利用。

提升用水管理。进行用水分项计量和水量平衡测试，对用水进行科学管理，把控薄弱环节，进行节水潜力挖掘，进行用水考核，调动各方面节水积极性，树立节水意识。

3.1.4 土地资源的节约

在土地资源节约方面，建造过程中主要面临的挑战是场地的限制。许多建设项目场地有限，侵占周边土地，不仅造成了土地资源的浪费，还对周边居民的生活产生了影响。绿色建造鼓励在策划、设计阶段，利用 BIM 等信息技术，进行建造全过程的场地布局分析，在建设场地内合理布置塔吊、材料堆场、办公用房等功能空间，最大化利用场地，并通过信息技术，合理安排施工进度，减少材料堆放占地。

3.2 厉行环境保护

建筑业对环境的污染主要集中在施工阶段，传统施工方式对环境的污染和影响是多方面和广泛的，噪声、扬尘、废水、废气、振动、固体废弃物等产生的污染、危害给环境造成了压力。绿色建造以环保理念为核心，对一整套方式综合利用，切实转变高物耗、高污染和粗放型的施工生产方式，对加强环境保护、改变人民群众对建筑业脏乱差固有印象、实现高质量发展具有重要意义。

3.2.1 大气的保护

建造过程中造成大气污染的因素主要有扬尘排放、有毒有害气体排放、建筑材料引起的空气污染等。

传统施工扬尘控制措施一般可以分为源头控制、减缓和隔离三种类型。源头控制是指通过改变施工活动工艺等手段，阻止扬尘产生或改变扬尘的排放模式，如采用清洁技术对传统技术进行工艺革新等。减缓措施则是通过采取工程手段减少扬尘的排放强度，如洒水、覆盖、围挡、冲洗。隔离措施是指采用屏障阻隔、吸附扬尘，防止其向外界传播影响并产生如防尘棚、防尘网等。从某种意义上讲，源头控制措施是更有效的措施，应从发生源即扬尘的产生源上进行控制，这是最积极主动、有效合理的措施。常见的扬尘抑制技术包括喷雾机降尘、人工洒水降尘、路面自动喷淋降尘、木工机械布袋吸尘、喷洒化学抑尘剂等（图 3-12 ~ 图 3-14）。

图 3-12　施工现场扬尘监控

图 3-13　门窗加工过程中对木屑粉尘的吸附处理及资源化再利用

图 3-14　施工现场采用雾炮喷雾降尘

在传统降尘技术基础上，应加大技术创新力度，通过集成化、系统化应用，达到降尘、加湿等多重功效。例如，近些年，相对于人工洒水，管道喷雾降尘技术，降尘范围更广，效果更佳，而且节水效果突出且能定时喷雾，自动控制，具有一定的先进性；雾状的喷雾不会在地面形成积水，安全可靠；降尘范围大，效果好，可以利用循环水资源，节水效果突出。

工程项目应尽量避免采用在施工过程中会产生有毒、有害气体的建筑材料。有特殊需要时，必需配置符合规定的装置，例如对于柴油打桩机锤要采取防护措施，控制所喷出油污的影响范围。此外，施工机械在运行中也往往排放出各类不利于大气环境的废气。应做好机械设备的验证、定期检查、维修保养，确保各类设备的能效及排放指标符合国家年检及其他相关要求。使用高效、节能、低排放非道路移动机械，加强机械设备使用管理，减少空载时间，提高机械设备的能源利用效率。

3.2.2 水环境的保护

工程项目在建造过程中往往会产生大量废水，例如地基钻探等产生的地层废水，与工地中产生的建筑污水混合在一起，造成整个水体的污染，危害周围居民的饮用水安全。应在现场道路和材料堆放场地周边设置排水沟，雨水、污水应分别排放，避免雨水带来的径流污染。水质超过标准的污水，应进行预处理，不得用稀释法降低其浓度后排入城镇下水道。对于含泥砂量大的污水，通过排水沟或抽水管道送至沉淀池，在沉淀池经二次沉淀后再排入市政管道。工程污水应采取有机质分解、沉淀过滤等措施，达标后再进行排放。对于危险品、化学品存放应采取隔离措施，地坪应有防渗措施，渗漏液应集中收集和处理，避免对地下水渗透污染。

对于生活区，食堂、厕浴间产生的生活废污水须分别经过隔油池、化粪池或人工湿地等简易污水处理设施处理后才可外排。现场厕所应设置化粪池，并且化粪池和隔油池应定期清理。

同时，对于邻近河流、海洋、自然湿地的建设项目，应重视建造活动对周边水环境的影响。应对可能导致水系扰动、损毁以及水体水质和水生生态恶化等因素进行控制，并采取预防和治理措施。必要时还需考虑建造过程对周边水生动植物的影响。禁止在江河、湖泊、运河、渠道、水库最高水位线以下的滩地和岸坡堆放、存储固体废弃物和其他污染物，避免影响河道行洪和岸坡防护。

中新天津生态城的水环境保护

中新天津生态城合理划定生态湿地的保护线，并要求建设项目在建造过程中，充分考虑对周边湿地环境的不利影响。几年来，随着城市的建设，滨海湿地原有的候鸟数量不仅没有减少，反而逐步增加。秋末冬初，遗鸥、黑嘴鸥、银鸥、翘鼻麻鸭等众多珍稀鸟类纷至沓来，为城市增添了生机和活力（图 3-15）。

图 3-15　中新天津生态城永定洲公园栖息的候鸟
图片来源：中新天津生态城建设局

3.2.3　土壤的保护

工程建设项目在推进过程中，往往会侵蚀土地的浅层地质，进而影响地表的覆盖植被。有些不良建筑行为还对周边耕地土壤造成巨大且无法想象的破坏。未经处理以及回收利用就排放的建筑废水以及大量使用的化学药剂中所含的有毒物质也会导致土壤污染。

在建造过程中，应采取以下技术措施：对施工造成的裸土，及时覆盖砂石或种植速生草种，以减少土壤侵蚀；对施工造成容易发生地表径流、土壤流失的情况，应采取设置地表排水系统、稳定斜坡、植被覆盖等措施，减少土壤流失（图 3-16）。

同时，应重视对土壤资源的再利用。对于耕作层土壤，应考虑剥离再利用于土地整治、耕地质量提升、低产田土壤改良、污染土地修复等。一般优先安排剥离后的土壤就近使用。

图 3-16 种植速生草种稳定土壤环境

3.2.4 固体污染物无害化

建筑固体废弃物是指在建筑物拆除、建设、维修等过程中产生的垃圾，主要包括废旧混凝土、碎砖瓦、废钢筋、废竹木、废玻璃、废弃土、废沥青等。固体物的堆积会占据大量土地，破坏土壤结构甚至会造成土地塌陷等，其影响之大应该引起足够的重视。

在施工现场应建立专门的垃圾回收站，分类回收管理建筑垃圾和生活垃圾，提高建筑垃圾的回收利用率，减少建筑垃圾的产生。对于有毒有害废弃物，应分类收集、单独存储，避免二次污染，并交由有资质的专业单位合规处理。化学品、危险品的使用过程，应严格执行相关规范，并制定应急预案（图 3-17）。

图 3-17　废弃混凝土块用于室外景观墙

日本株式会社熊谷组的固体废弃物无害化管理

日本的施工企业株式会社熊谷组，从 1997 年开始，以分公司为单位开始构筑环境管理体系，并进行了 ISO14001 的审查登记，从 2004 年开始构筑包含总公司与各分公司的可共同使用的全公司环境管理体系（Environmental Management System，简称 EMS），建立了从总公司领导、分公司领导再到普通员工共同参与的环保责任体系，并定期通过内部审查和外部审查的方式对各项目的施工环保行动进行监督检查。例如，通过严格的管理，以场内利用、中转处理再利用、移交再利用工厂进行再利用相结合的方式，实现了对混凝土、石膏板、沥青等各类废弃物的资源化再利用。计划到 2020 年，实现施工废弃物的零排放。

3.2.5 噪声的防治

噪声对环境的污染与工业“三废”一样，是一种危害人类的公害。在建造过程中，应采取阻尼、隔声、吸声、个人防护和环境布局等措施，尽力降低声源的振动，或者将传播中的声能吸收掉，或者设置障碍，使声音全部或部分反射出去。

噪声控制技术主要可以分为无源噪声控制技术和有源噪声控制技术。施工现场的噪声控制主要利用无源噪声控制技术，从声源、声传播和接收点三方面考虑噪声的控制。根据施工现场噪声的特点，技术手段以传统方式为主，如使用声屏障、隔声间、隔声罩等。现在的无源噪声控制可以借助建筑信息模型技术开展优化设计，从整体布局上隔离噪声源。此外，许多新开发的建筑材料也用于噪声控制，如建筑板材应用于隔声，聚碳酸酯板（Polycarbonate，简称 PC 板）用于声屏障等。根据微穿孔板理论设计的微穿孔板吸声、消声结构，效果更佳（图 3-18）。

图 3-18　隔声屏障

图片来源：天津再发科技有限公司

以装配式为代表的工业化建造方式，大量工作以装配为主，可以有效减少工地浇筑混凝土、脚手架施工、现场电锯等产生的强噪声，而通过信息化的管理手段，可以提高工作精准度，减少剔凿、割锯等噪声的产生。

3.2.6 光污染的防治

光污染是最近几十年出现的新型污染，很多工程项目都是夜晚施工，一些大型的探照设备和切割、焊接作业等都会产生光污染。长期在光污染环境下作业，施工人员容易视觉疲劳，情绪紧张，身心健康受到影响；同时，光污染影响了动物的自然生活规律，受影响的动物昼夜不分，其活动能力出现问题，引发不良生态后果。此外，光污染也给周边的市民生活造成了一定的干扰。因此，在夜间进行切割焊接作业时，应用挡光设备；项目现场设置大型照明灯具时，应加装保护罩，防止强光外泄，以此实现对光污染的防治。

3.3 绿色建造方式

以污染大、排放大、质量低、效率低、劳动密集为标志的传统建造模式已不适应我国生态文明建设，必须转变现有的生产方式，走一条体制机制科学系统、技术含量高、经济效益好、资源消耗低、环境污染小、人力资源得到充分发挥的新型建造发展之路，从根本上向生态型、精细化、高质量模式转变，改善资源利用效率，提高经济效益，改善环境质量，提升建造产品及人居环境品质，培育可持续的经济发展模式，提升城市的综合竞争力。[1]

1 张国强:《中国建造高质量发展的思考与建议》,《城乡建设》2018 年第 19 期。

3.3.1 建造过程绿色化

绿色建造着眼于建筑全生命期，践行可持续发展理念，强调节约资源、保护环境和以人为本，追求工程建造经济、社会与环境等综合效益的最大化，把绿色发展理念贯穿落实在建造活动全过程，最终实现生产方式的绿色化和生活方式的绿色化。

（1）绿色策划

绿色策划是实现绿色建造的重要环节，关系到建设项目的成败。如何在建筑的策划、设计、建设、运行中，科学处理好生态、人文、建设之间的关系，建设什么样的建筑，如何进行建设，形成什么样的人与人、人与自然、建筑和自然的关系及与之相应的一系列建筑表现，是绿色策划的重点。绿色策划是开展绿色建造的顶层设计，需要以节约资源、保护环境的要求来策划项目，因地制宜地对包括设计、生产、施工、监理、验收的建造全过程进行人、机、料、法、环的全盘策划，明确绿色建造的目标以及实施路径，形成绿色建造执行纲领。

绿色策划需要明确绿色建造最终产品的总体性能及主要指标，例如，最终产品的绿色建筑等级、装配率等。首先，对工程的生态、节约、性能、品质、效率、质量、安全、进度、成本、人文等要求进行全要素一体化统筹与平衡，确定绿色建造过程的总体目标和分阶段目标；其次，需要选择制定采取怎样的绿色实施路线，建立怎样的绿色产业链来支撑绿色建造的开展；最后，需要制定设计、施工、运营相关阶段绿色建造控制要点和量化指标。

（2）绿色设计

绿色设计是实现绿色建造的决定性环节。绿色设计的基本要求是通过技术、材料的综合集成，减少建筑对不可再生资源的消耗和对生态环境的污染，为使用者提供健康、舒适的工作、生活环境，最大限度地实现人与自然和谐共生。

绿色设计是系统化集成的设计，从时间观、空间观和系统观上实现经济效益、环境效益、社会效益的最大化。全生命期的时间观是统筹建筑设计、生产加工、材料选用、施工建造、运营维护各阶段，落实绿色建造目标。全方位的空间观，是从人的行为与建筑的相互关系、室内室外空间相互影响的关系，以及建筑与周边区域相互关系三个方面，实现人、建筑、自然的和谐共生。系统观是建筑、结构、机电和装饰一体化设计，生产装配方案在设计阶段前置化，并应用 BIM 等信息技术实现高效协同和配合。

在绿色设计时积极响应“适用、经济、绿色、美观”的建筑方针，突出建筑使用功能以及节能、节水、节地、节材和环保，防止片面追求建筑外观形象，避免“奇奇怪怪的建筑”。绿色设计注重与地域自然环境的结合，适应场地的自然过程。设计应以场地的自然过程为依据，充分利用场地中的天然地形、阳光、水、风及植物等，将这些带有场所特征的自然因素结合在设计之中，强调人与自然的共生和合作关系，从而维护场所的健康和舒适，唤起人与自然的天然的情感联系。绿色建筑设计不仅提供健康舒适、资源高效利用的建筑，还要引导社会行为和人的生活工作方式、交往方式、行为方式、思想方式。

绿色设计要从建设到拆除的全生命期考虑，注重设计对全过程的绿色统筹。充分开展土建与装修、绿化工程等一体化设计，使用永临结合技术，如施工过程的现场道路、可再生能源利用、中水利用、智能化系统等，充分考虑各系统的耐久性以及竣工后的运营等。通过选择合理的设计方案实现建筑安全耐久、健康舒适、生活便利、资源节约、环境宜居等方面的绿色性能。因受功能、造价、形式以及政治、经济、气候、人文管理等诸多因素的制约，设计不一定在每个要素上都做到最好、最精，但是要综合最优、整体最优。[1] 设计应遵循被动技术优先、主动技术优化技术路线。优先采用高性能保温、自然通风、自然采光等被动技术，切实降低建筑的运行能耗，以获得良好的使用效果和经济效益；对采暖、制冷和通风等主动技术，根据项目的具体特点，合理优化采用，提高能效。

1 叶青:《创新绿色建筑设计理念》,《建设科技》2007 年第 7 期。

(3) 采用绿色建材

绿色建材是实现绿色建造的物质基础。建筑的不可持续发展在很大程度上是因为建筑材料在生产和使用过程中的高能耗、严重的资源消耗和环境污染，因此，材料的选用很大程度上决定了建筑的“绿色”程度。

绿色建材是指在全生命周期内可减少对天然资源消耗和减轻对生态环境影响，具有“节能、减排、安全、便利和可循环”特征的建材产品。[1] 绿色建材不是单纯的建材品种，是对建材整个生命周期包括原材料采取、生产过程、施工过程、使用过程及废弃物处理等方面的综合评价。绿色建材的特征包括：生产所用原料尽可能少用天然资源，大量使用尾矿、废渣、垃圾、废液等废弃物；采用低能耗制造工艺和不污染环境的生产技术；在产品配置或生产过程中，不得使用甲醛、卤化物、溶剂或芳香族碳氢化合物；产品不得含有汞及其化合物；使用过程中改善生活环境、提高生活质量，即产品不仅不损害人体健康，而且应有益于人体健康，具有多功能化的性能，如抗菌、防霉、隔热、阻燃、防火、调温、消声、消磁、防射线、抗静电等；废弃时产品可循环或回收再利用，不产生污染环境的废弃物（图 3-19）。

1　中华人民共和国住房和城乡建设部、中华人民共和国工业和信息化部：《绿色建材评价技术导则（试行）》（第一版），2015，第 10 页. http://www.mohurd.gov.cn/wjfb/201510/t20151022_225340.html.

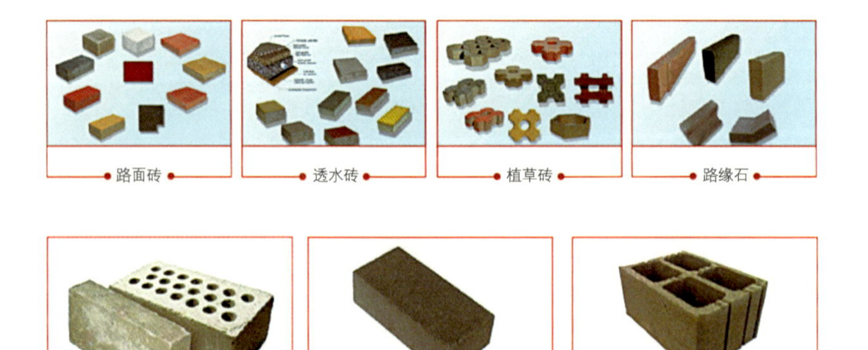

图 3-19　垃圾资源化利用产品

绿色建造过程中做好材料统筹，多采用可循环材料，如钢材、铝材、木材、玻璃等；采用具有改善居室生态环境和保健功能的建筑材料，如抗菌、除臭、调温、调湿、屏蔽有害射线的多功能玻璃、陶瓷、涂料等；采用高轻度和耐久性建筑材料，如结构功能一体化、长寿命及施工便利的新型耐火材料和微孔结构高效隔热材料；采用能大幅度降低建筑物使用过程中的耗能、耗水的建筑材料和设备，如结构与保温装饰一体化外墙板、高性能门窗、节水器具等；采用本地化、环保可再生材料，如农作物秸秆、竹纤维木屑等生物质建材，等等。在施工阶段，认真落实设计确定的材料，采购具有认证标识的绿色建材，积极采用利废型建筑材料，如采用建筑垃圾生产的再生混凝土、再生预制构件、再生预拌砂浆、再生压制砖等。

上海市宝山区的建筑垃圾资源化利用

上海市宝山区在 2017 年“五违整治”行动中共拆除违章建筑 1500 万平方米，产生大量建筑垃圾。宝山区政府通过建筑垃圾资源化处置，实现建筑垃圾资源化率 95% 以上的目标，所生产的再生产品全部应用于宝山区的市政建设中。

开展绿色建材生产和广泛应用行动，可以不断推进节能环保技术改造升级，不断提高资源使用效率，促进消纳固体废弃物，实现资源综合利用和清洁生产，提高居住的质量和舒适度，有益于人民健康，有助于延长建筑、建材使用寿命期。大力推进绿色建材生产和应用是拉动绿色消费、引导绿色发展、促进结构优化、加快转型升级的必由之路，是绿色建材和绿色建筑产业融合发展的迫切需要，是改善人居环境、建设生态文明、全面建成小康社会的重要内容。国家出台了相关推动政策，如：住房和城乡建设部发布的《建筑业发展“十三五”规划》提出，到 2020 年，绿色建材在新建建筑中应用比例达到 40%。因此在绿色建造过程中，要大量和广泛地应用绿色建材。

（4）绿色施工

传统施工活动产生了众多环境负面影响。相关资料显示，北京、上海两地的扬尘主要来源于建筑工地施工和车辆运输。绿色施工作为建筑全生命期中的一个重要阶段，是实现绿色建造资源节约和节能减排的关键环节，可以破解施工活动产生的诸多环境问题。

1 中华人民共和国住房和城乡建设部：《绿色施工导则》，2007，第1页. http://www.mohurd.gov.cn/wjfb/ 200709/t20070914_158260.html.

绿色施工是绿色理念在工程施工过程中的应用体现，和传统的生产方式相比，绿色施工的本质特征是强调产品的全生命期对人体健康及环境的危害最小或不产生危害，涉及生产问题、环境保护、资源优化利用等多个领域。绿色施工是绿色设计的物化生成过程，是以环境保护为核心的施工组织体系和施工方法，是指工程建设中，在保证安全、质量等基本要求的前提下，通过先进的管理和技术的进步，最大限度地节约资源并减少对环境产生负面影响的施工活动，实现“四节一环保”（节能、节地、节水、节材和环境保护）。[1] 包括五个方面的含义：以持续健康发展为目的；以科学管理和技术进步为实现途径；以减少资源消耗和环境保护为特征；重点是使施工过程的污染排放最小和资源有效利用；坚持以人为本，强调改善作业环境、减轻劳动强度。

绿色施工应贯彻绿色策划和设计要求，通过制定合理策略、科学的管理体系和技术措施实现施工过程的全面绿色，即通过优化生产方式、工艺等，运用绿色理念加强管理等措施来提高资源能源利用率、减少废物排放，以降低对环境的污染程度。绿色施工采用低耗机械设备、标准构件部件、优化工艺工法、高效物流运输等措施实现节能；采用节水工艺、雨水和中水利用等措施实现节水；采用装配化干法施工、资源再生利用、新型模板体系、自动提升模架等措施实现节材；采用耕植土保护利用、地下资源保护、永临结合等措施实现节地（图3-20）；采用空气污染及扬尘控制、污水控制、固体废弃物控制、土壤与生态保护等措施实现环境保护；采用职业病预防、防护器具、智能化机械化应用等措施实现人员保护。绿色施工基于可持续健康发展理念，奉行以人为本、环保优先、资源高效利用、精细施工等原则，推进现场施工机械化、工业化、信息化，以改善作业条件，减轻劳动强度，充分体现绿色发展要求。通过装配化施工方式、智慧工地手段等，绿色施工将被推向一个更高的水平。

图 3-20　场地周转用房

绿色施工在策划、采购、实施等过程中均遵循绿色理念和原则，按照绿色建造目标要求、设定绿色施工目标和指标要求、策划确定最佳方案、制定对策和细化分解要求、进行过程测量与监督、绿色施工的效果检查、绿色施工做法标准化、总结提升等主要内容进行实施。需要充分计划、组织、管理和控制，在施工过程的各主要环节中进行动态管理和控制，结合工程项目和企业特点，开展管理和技术创新，整个施工过程才能真正实现绿色。

在推进绿色施工过程中，绿色发展意识、应用施工技术的成本效益状况、绿色施工技术本身带来的效率是影响绿色建造施工技术应用效果的直接原因。政府、协会、企业需要形成合力，同时与信息技术、建筑工业化、精益建造、循环经济之间充分融合，才能形成良好的绿色施工运行体系。

绿色建造需要全过程充分发挥绿色监理的重要保障作用，在绿色施工过程中更是如此。绿色监理是按照绿色展理念，将节约资源、保护环境、减少污染等要求全面纳入监理“控制、管理、协调”的范畴，在传统监理工作基础上，建立与绿色建造相应的监理体系、工作流程、审核制度以及信息收集管理制度，对施工组织、施工工艺、建筑材料等进行动态管理和控制。实现安全、高品质、高效率等要素的协调统一，提高建造活动的经济效益、社会效益和生态效益。

（5）绿色运营

在绿色建造的全过程中，绿色运营是与使用者关系最为密切的阶段，是对绿色实践效果的直接检验，直接关系着绿色策划目标的实现与否。研究表明，建筑的运行阶段占整个建筑生命期时间的 95% 以上，资源消耗占建筑全生命期资源总消耗的 80% 以上。因此，绿色运营是实现绿色建造效果的关键。

开展建筑系统的综合效能调适，即通过对通风空调、楼宇控制系统、照明系统、供配电系统等建筑设备系统进行调试验证、性能测试验证、季节性工况验证和综合效果验收，使系统满足不同负荷工况和用户使用的需求。目前，国内建筑在交付时，往往只是保证机电设备开启及运转正常，而不能保证其运行达到最佳状态。而在美国，开展综合效能调适已经成为绿色建筑交付的先决条件之一。为了实现能源消耗、环境舒适、设备的高效运营等多方因素的协调，需要开展建筑系统的综合能效调适。例如，对通风系统、水系统、强弱电系统等，都需要开展系统、科学的调适。

合理制定绿色运营目标和管理制度。绿色运营是一个实现价值增值的过程，与传统运营的目标不同，它在传统物业管理基础上，通过节约资源、环境提升，创新了“绿色的价值”。因此，需根据前期绿色策划和绿色设计的总体目标，制定建筑运行能耗、水耗、室内环境质量等方面的绿色运营目标，以目标为导向，建立完善的节能、节水、节材、绿化的运行管理制度、工作指南，以及应急预案和设施设备的维护保养管理制度，保障高质量开展绿色运营工作。同时实施能源资源管理激励机制，实现运营方经济效益与建筑能源、水资源消耗直接挂钩，通过绩效考核，调动运营方的节能、节水积极性。

科学开展设施设备的维护保养工作，确保建筑达到并持续保持绿色运营目标。建筑在使用过程中，各类设施设备的使用状态是随时变化的，因此需建立维护保养体系，依据维护保养清单和维护保养工作计划，进行日常维护管理，按时保质进行保养，建立设施设备全生命期档案，促进维护保养工作的顺利开展，保证设施设备的高效稳定运行。例如，对于机电设备，进行定期巡检、维护；对于景观绿化，及时栽种补种绿化植物，保持优美生态环境；对于围护结构，定期巡视并开展热工检测，及时发现渗漏、空鼓等问题并进行修缮维护。目前不少绿色建筑投入使用后达不到预期使用效果，原因往往是设备正常的维护保养工作没做好。

绿色运营是一个动态发展的、追求可持续结果并且不断优化的过程。运营时处理好使用者、建筑和自然三者之间的关系非常重要，既要为使用者创造一个安全、舒适的物质空间环境，同时又要保护自然环境，通过科学管理控制建筑的服务质量、运行成本，实现绿色生态目标。为此要进行持续改进和绿色提升，即建筑投入运行后，要以提高建筑的整体性能和更好地为人们提供服务为目标，根据使用情况、技术发展和人的需求变化，不断调整运营方式，对建筑设备设施及时改造升级。例如，对于建筑的冷热源、照明、变配电设备、电梯等，在经过一段时间使用后，经合理的经济性论证，可更换为更加节约能源资源、环保的新型产品；引入数字化管理平台等先进智能化技术，对建筑室内环境、设备运行进行实时监控，形成实时感知、自动故障检测、自诊断及自适应能力，最大限度地节约资源能源的同时，满足个性化的需求。

倡导使用者的绿色行为。在运营过程中，开展用户满意度调研，发挥公众参与的积极性，拓宽居民参与的广度，增强公众参与的愿望与意识，促进使用者形成绿色生活行为习惯，开展深入而广泛的节约与环保活动。

定期进行绿色运营后评估。即对建筑运营阶段的实施效果、建成使用满意度及用户行为影响因素进行主客观的综合评估。绿色运营后评估重在评价各项绿色技术与措施的综合实施效果，如能耗、水耗、室内外环境质量、建筑使用者反馈等评价指标。评估结果应主动向建筑用户公开，接受用户监督，评估结果不达标时应积极整改。绿色运营后评估能够更好地体现建筑作为一个有机集成系统在绿色运营方面的作用。

3.3.2 建造方式工业化

（1）什么是工业化建造方式

建筑工业化是全球建筑发展的大趋势，发达国家已从工业化专用体系走向大规模通用体系，重点为节约能源、降低物耗、降低对环境的压力以及资源循环利用的可持续发展阶段。工业化建造方式就是按照大工业生产方式改造建筑业，使之逐步从手工业生产转向社会化大生产。其实施的基本途径如下：

标准化设计：标准化、模块化是工业化建造方式所遵循的设计理念，是工程工业化建造的基础，是消除浪费、减少劳动的主要手段。在工程建造活动中采用标准化、模块化可以节约成本、缩短工期、减少品种、提高效率。同时，更换模块方式便于维修，降低生产和使用成本。标准化设计是绿色设计方法之一，主要是采用统一的模数协调和模块化组合方法，各建筑单元、构配件等具有通用性和互换性，在满足个性化需求的基础上实现少规格、多组合。采用标准化的构件，形成标准化的模块，进而组合成标准化的楼栋，在构件、模块、楼栋等各个层面上进行不同的组合，形成多样化的建筑成品。标准化设计将自然采光、自然通风、可再生能源、除霾新风、非传统水源利用等绿色设计思想与模块化设计方法结合起来，可以同时实现建造活动的功能属性和环境属性。

工厂化生产：采用现代工业化手段，实现施工现场作业向工厂生产作业的转化，形成标准化、规模化、信息化、系列化的预制构件和部品，完成预制构件、部品精细制造。工厂化生产使大量的预制构件在工厂生产，降低了施工现场作业量，而加工精度大大高于现场施工，使生产过程中的材料损耗量大大降低，建筑垃圾大幅度减少；与此同时，由于湿作业产生的诸如废水污水、建筑噪声、粉尘污染等也会随之大幅度降低。工厂化生产的预制构件在运输、装卸以及现场施工过程中，相比散装材料大量地减少了扬尘污染（图 3-21）。

图 3-21　预制构件生产线

装配化施工：在现场施工过程中，使用现代机具和设备，以构件、部品装配施工代替传统现浇或手工作业，实现工程建设装配化施工。相对传统施工方式方法，装配化施工是科技密集型和管理密集型建造方式，相当于工业制造的总装阶段，需要具备更多从事复杂工作的专业技术管理人员，遵循设计、生产、施工一体化的原则，并与设计、生产、技术和管理协同配合。施工组织管理、施工工艺和工法、施工质量控制充分体现工业化建造方式，通过全过程的高度组织管理，以及全系统的技术优化集成控制，全面提升施工阶段的质量、效率和效益。另外，装配化施工可以减少现场垃圾，材料损耗、能耗、水耗减少一半以上，大幅提高可回收材料占比；同时，可以加快施工速度，缩短夜间施工时间，减少污染。例如，装配化施工可以避免夜间浇筑混凝土，从而最大限度地减少扰民行为（图 3-22）。

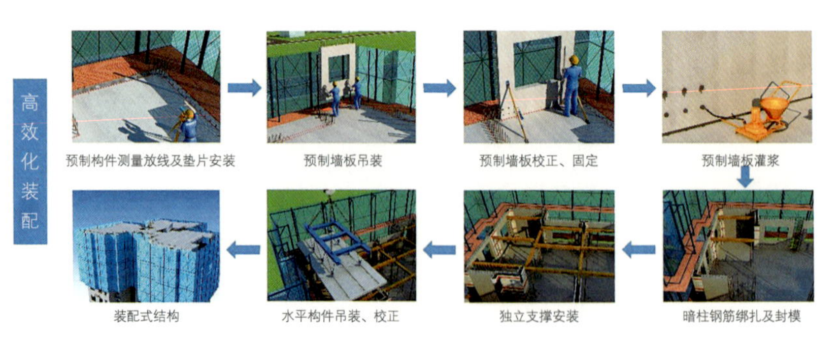

图 3-22 装配式施工示意图

一体化装修：建筑室内外装修采用干式工法，将工厂生产的定制化装修部品部件、设备和管线等在现场进行组合安装，与装配式主体结构、外围护结构、设备与管线等系统紧密结合进行一体化设计和同步施工，实现技术集成化、施工装配化，施工组织穿插作业、协调配合。传统的建造方式装修与建造相脱节，业主进行二次装修的污染大、浪费大、不规范、不可控以及装修的"没完没了"等情况，严重降低了人民的幸福感。相比之下，一体化装修工程质量易控，大幅度减少污染和浪费，工效高，易维护，更符合健康、安全和环保的要求，是推行绿色建造的重要组成部分。为此，要加快推进一体化装修，提倡干法施工，减少现场湿作业，推广集成厨房和卫生间、预制隔墙、主体结构与管线相分离等技术体系。

信息化管理：以 BIM 等信息技术为基础，通过设计、生产、运输、施工、装配、运维等过程的信息数据传递和共享，在工程建造过程中实现协同设计、协同生产、协同装配，并实现 BIM 交付、数据共享。BIM 技术协同和集成的理念与工业化建造方式高度融合，特别是在设计-采购-施工工程总承包模式（Engineering Procurement Construction，简称 EPC）管理下，作用和优势越显突出。信息化能够提高管理的精细化水平，减少差错，有效避免返工，从而节约资源。为此要建立适合 BIM 技术应用的工业化建造管理模式，推进 BIM 技术在规划、勘察、设计、生产、施工、运营全过程的集成应用，实现工程建设项目全生命期数据共享和信息化管理。同时，采用植入芯片或标注二维码等方式，实现部品部件生产、安装、维护全过程质量可追溯。

由上可看出，工业化建造运用现代工业化的组织方式和生产手段，对建筑生产全过程各个阶段的各个生产要素进行系统集成和整合，从而达到传统手工方式所达不到的节约、环保、高效水平，用工业文明促进生态文明。工业化建造方式与传统建造方式相比具有先进性、科学性，有利于促进工程建设全过程实现绿色建造的发展目标，是一场生产方式的转型。

（2）大力发展装配式建筑

《中共中央国务院关于进一步加强城市规划建设管理工作的若干意见》和《国务院办公厅关于大力发展装配式建筑的指导意见》提出，力争用10年左右时间，使装配式建筑占新建建筑的比例达到30%，这是对我国未来建筑工业化发展提出的具体要求。装配化建造是建造方式工业化的主要表现，上述工业化建造方式同样适用于装配式建造，装配化程度具体体现了建筑工业化的程度和水平。因而，发展装配式建造是实现建造方式工业化的主要路径。

装配式建筑是指由预制部品部件在工地装配而成的建筑，[1]从系统论的角度可以分为结构系统、外围护系统、内装修系统、机电设备系统四大系统。通常按照主体结构材料的不同，分为装配式混凝土结构建筑、装配式钢结构建筑、装配式木结构建筑[2]（图3-23）。我国量大面广的是装配式混凝土结构建筑，它们原材料来源丰富，适合于多

1　中华人民共和国住房和城乡建设部：《装配式建筑评价标准》GB/T 51129-2017，中国建筑工业出版社，2017，第2页。

2　毛志兵主编《建筑工程新型建造方式》，中国建筑工业出版社，2018，第82页。

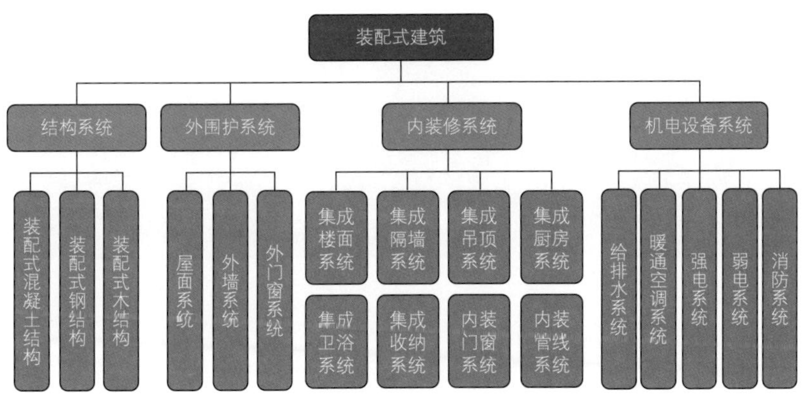

图3-23　装配式建筑系统构成与分类框图

种建筑形式，但混凝土要消耗大量的砂石等天然材料，随着近些年环保力度的加大，各种天然材料的开采受到了严格管理和限制，原材料的供应日趋紧张，而水泥生产也面临着巨大的环保压力（图 3-24）。

从循环经济方面来看，钢材属于可循环利用材料，装配式钢结构建筑优点更为突出，绿色性能更好，但要解决防火防锈以及保温隔声性能差等方面的问题（图 3-25）。

图 3-24　装配式混凝土结构建筑

图 3-25　装配式钢框架结构建筑

木材是最佳的天然建筑材料，但因我国木材资源紧张，需要大量进口，且因木材在防火防潮防蛀方面存在一些局限性，现代木结构装配式建筑处于积极探索采用的阶段，倡导在具备条件的地方发展，鼓励在政府投资的学校、幼托、敬老院、园林景观等新建低层公共建筑中采用（图 3-26）。

图 3-26　装配式木结构建筑
图片来源：苏州昆仑绿建木结构科技股份有限公司

装配式建筑通过以标准化工序取代粗放式管理、以机械化作业取代手工操作、以工厂化生产取代现场作业、以地面性作业取代高空生产，提高建筑质量，减少使用后期维护成本，满足人民群众对建筑产品安全性、耐久性的需要。根据住房和城乡建设部科技与产业化发展中心对全国 20 多个工程项目的对比分析，装配式建筑可实现木材消耗量节约 59%、水泥砂浆消耗量减少 55%、水资源消耗量减少 24%、电力消耗量减少 20%、建筑垃圾排放减少 69%，并且减少了施工现场粉尘排放和施工噪声的污染。工程工期较大缩短，对环境的影响大为减少。同时，装配式建筑通过集成化装配的建造方式，以产业化工人取代“散兵游勇”，以工业化代替手工作业，可以大幅减少现场施工人员。

装配式建筑强调标准化、工厂化和装配化，以及室内装修与主体结构一体化，具有系统化、集约化的显著特征。装配式建筑通过一体化装修，省去使用者进行“二次装修”的时间和精力，减少环境污染与资源浪费；通过内装、机电和结构协同，实现内装系统的可拆卸、可装配和灵活布置，满足使用者在不同时间段、不同需求下对功能户型不同设置的需要，满足使用者对建筑产品的灵活性、舒适性的要求

（图 3-27）；先期精准化预留预埋、干式施工方法避免了建造过程中的剔凿、改动等造成的浪费。

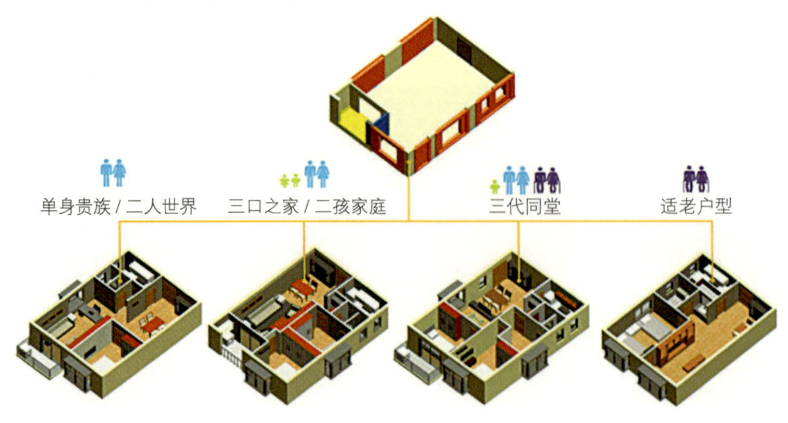

图 3-27　户型可变

发展装配式建筑能够促进产业链条向纵深和广度发展，将带动更多的相关配套产业，对发展新经济、新动能，拉动社会投资，促进经济增长具有积极作用。

3.3.3　建造手段信息化

建筑业信息化是建筑业转变发展方式、提质增效、节能减排的必然要求，对建筑业绿色发展、提高人民生活品质具有重要意义。信息技术对策划、设计、生产、施工等建造全过程的绿色化可以起到很好的支撑作用，主要体现在实现协同工作、提高工作效率、减少资源浪费、加强环境监控、合理规划土地等多方面。

BIM 技术是一种应用于工程设计、建造、管理的数据化工具，通过对建筑的数据化、信息化模型整合，在项目策划、运行和维护的全生命期过程中进行共享和传递，使工程技术人员对各种建筑信息作出正确理解和高效应对，为设计团队以及包括建筑、运营单位在内的各方建设主体提供协同工作的基础，在提高生产效率、节约成本和缩短工期方面发挥重要作用。

在绿色设计过程中，要进一步加大 BIM 技术的应用深度和加强标准的统一，拓展和探索基于 BIM 的大数据平台化协同应用模式，提高其对设计过程绿色化的支撑作用。深入挖掘 BIM 精确设计减少资源浪费的潜力，比如通过 BIM 管线综合碰撞检测实现精确管线设计，可以杜绝后期施工过程中二次穿墙打洞、管线重设等带来的原材料、能源、人力的浪费，减少建筑垃圾产生。加大业主、工程总承包、设计、监理、设备供应商等共享的 BIM 协同平台建设，探索更有效的应用模式，实现高效协同，减少设计过程中的沟通成本，提高设计质量，缩短建筑工期，比如，“全专业、全过程、全参与方”三全 BIM 设计，可以将项目各参与方的需求前置，加强各方沟通效率，减少后期设计变更，从而减少资源能源浪费，实现绿色建造（图 3-28）。同时，注重 BIM 与互联网、信息化相关技术的融合，比如开发 BIM+ 虚拟现实 / 增强现实 / 混合现实（Virtual Reality/Augmented Reality/Mixed Reality，简称 VR/AR/MR）技术的可视化设计与交付，可以在实体工程建造之前实现虚拟建造、虚拟交付，大小业主都可以通过可视化设计提前看到未来的建造产品，提高业主获得建筑产品后的幸福感。

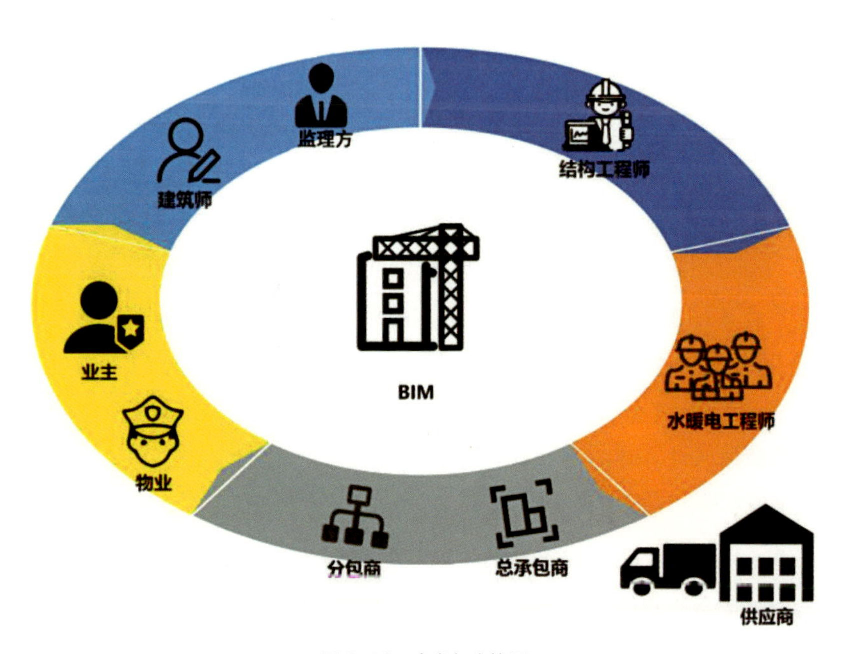

图 3-28　多参与方协同

在生产过程中，要进一步加大工业化、信息化的两化融合，促进BIM数据与生产制造企业生产过程执行系统（Manufacturing Execution System，简称MES）、企业资源计划（Enterprise Resource Planning，简称ERP）系统的标准化数据对接，实现自动化生产、精确生产、高质量生产和减少资源浪费。BIM数据与MES对接，可以实现从设计图纸到生产加工图纸的无纸化、精准化交付，是实现高效率自动化生产的必要条件，同时可以杜绝交付失误，消除因图纸交付导致的构件原材料浪费。BIM数据与ERP系统对接，可实现生产线精确下料，减少钢筋、混凝土等生产材料浪费。最后，在生产阶段使用二维码、射频识别（Radio Frequency Identification，简称RFID）技术对构件进行唯一身份识别，可以建立构件质量追溯系统，全过程记录构件的质量信息，提高建造质量管理水平，为后期高品质交付提供必要的数据基础（图3-29）。

图3-29 二维码识别系统

在绿色施工过程中，充分利用BIM、大数据、物联网等进一步拓展信息技术的应用范围。

第一，推动BIM对施工关键技术进行模拟的标准化研究，逐步形成一套BIM模拟标准，充分发挥其在优化施工方案、提高施工效率、减少施工浪费方面的作用。比如，利用BIM技术对建筑外架进行模拟，可以实现标准化外架，保证外架施工一次到位，减少原材料浪费，提高循环使用效率，其他诸如BIM智能排砖、智能铝模排布设计等都可以极大节约原材料，做到现场无边角废料。第二，推动基于BIM技术的三维交付尽快实现，提高交付效率，减少工人因交付理解失误带来的返工，避免原材料浪费。第三，BIM技术可以实现施工各阶段的场地布置优化设计，最大限度地节约利用土地，合理化施工平面布置。第四，引导施工现场的节水、节能、节地、节材管理向信息化转变，通过信息技术对水、电等资源实行智能化控制。比如，在工人生活区安装信息化人员感知设备，它可以根据人员活动情况，实现区域内空调、照明设备的智能化控制，节约水电等资源能源（图 3-30）。

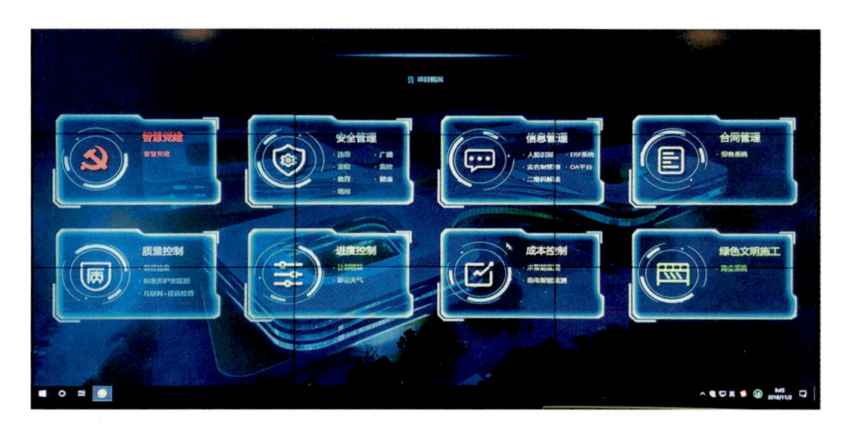

图 3-30　智慧融合中心

最后，鼓励信息技术与智能化施工设施设备的融合与研发，通过 BIM 信息直接对接现场大型智能化操作设备，比如造楼机、施工机器人、三维（3 Dimensions，简称 3D）打印设备等，实现无人操作、精确操作，提高资源能源利用效率（图 3-31）。

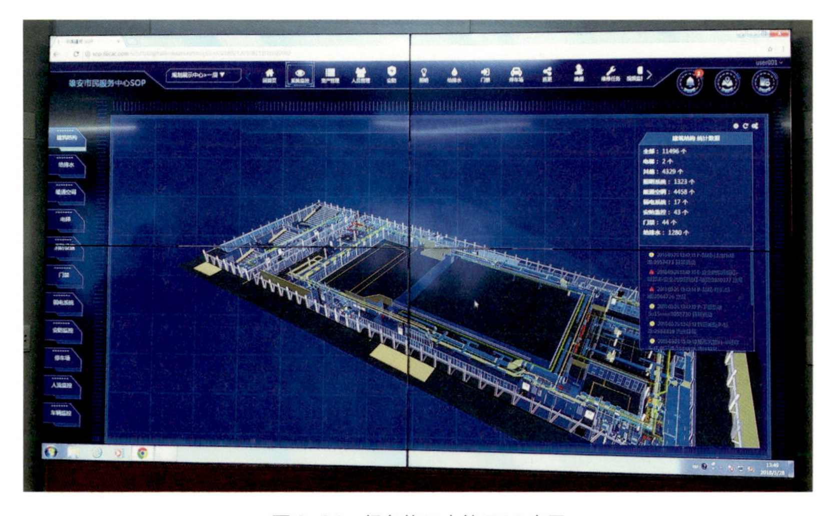

图 3-31　绿色施工中的 BIM 应用

重视信息技术在建造全过程中对环境保护起到的促进作用，并建立相应管控规章制度。信息技术可以加强施工现场环境保护，实时采集工地现场的风速、温度、湿度、扬尘、噪声、PM_{10}、$PM_{2.5}$ 等环境参数，提高现场喷雾降尘设备使用效率，做到施工过程中的环境保护。建立建筑垃圾精准管控系统，实现对建筑垃圾从产生、预处理、分拣到处理、再利用全过程的信息管理，提高建筑垃圾再利用效率，减少对环境的影响，比如，国家大力研发的“天地一体化”建筑垃圾精准管控技术，通过卫星、无人机和全球定位系统（Global Positioning System，简称 GPS）定位仪等上天入地的物联网数据采集技术，可以全程跟踪建筑垃圾的处理过程，并对各种建筑垃圾进行精确分类再利用管理，提高了资源利用效率，有效减少环境影响。

在绿色策划与规划过程中，要不断深化 BIM 的应用广度和深度，并使其逐渐向城市信息模型（City Information Modeling，简称 CIM）技术的应用转变。首先，利用 CIM 提高土地利用效率，合理规划土地，CIM 通过统一的城市空间及管网、道路等城市基础设施的布局，可以在“多规合一”业务协同平台中更加合理地进行土地利用规划，达到土地最高使用效率。其次，通过 CIM 互联网业务平台实现全业务办理在线进行，无纸化审批操作，高效化流程管理，绿色化和高效化审批过程，节约资源和加快工程管理进度。厦门市在原有“多规合一”平台的基础上开展“多规合一”平台与城市三维仿真平台的融合，实现建设项目 BIM 成果的接入，初步构建了 CIM 平台，平台接入了各部门规划、人口、经济、交通等城市运行数据，可以协调景观风貌，进行多方案比选、红线和控高分析、视域分析、通视分析、日照分析等合规性比对，并通过仿真模拟和分析，进一步优化设计方案，不仅提高了业务管理效率，而且能够做到土地的合理规划和集约使用（图 3-32）。

图 3-32　城市规建管一体化运营中心

图片来源：厦门市规划数字技术研究中心

3.3.4　组织方式集约化

集约化的组织管理可以通过统一配置人力、物力、财力，有效整合各方要素，集中合理地运用现代管理方式与技术，充分发挥各方资源的积极效应，对建设项目全过程或全生命期进行系统兼顾、整体优化，提高工作效益和效率，从而实现建造活动设定的节约资源、保护环境等生态目标。国务院办公厅在《关于促进建筑业持续健康发展的意见》中明确提出完善工程建设组织模式，加快推行工程总承包，培育全过程工程咨询。同时，对于政府投资工程，集中建设也是集约化的一种有效方式。

（1）加快推行工程总承包

传统模式工程组织运作机制决定了设计、施工分立，二者不能整合为一个利益主体，不能够全过程系统性保障工程建造活动的绿色化，最终导致项目突破概算、超期严重，成本难以有效控制，造成公共资产浪费。

工程总承包是指从事工程总承包的企业按照与建设单位签订的合同，对工程项目的设计、采购、施工等实行全过程的承包，并对工程的质量、安全、环保、工期和造价等全面负责的承包方式。在实践中，总承包商往往会根据其丰富的项目管理经验，工程项目的规模、类型和业主要求，将设备采购（制造）、施工及安装等工作全部完成或采用分包的形式与专业分包商合作完成。

工程总承包主要模式包括：设计–采购–施工总承包模式，即总承包单位承揽整个建设工程的设计、采购、施工，并对所承包的建设工程的质量、安全、工期、造价等全面负责的建设工程承包模式；设计–施工总承包模式（Design Bid，简称 D-B），即建设单位将设计和建造的任务给同一个总承包商，承包商负责组织项目的设计和施工；另外，需要进一步关注特殊目的的载体（Special Purpose Vehicle，简称 SPV）模式，即联合投资方负责项目的投资–建设–运营全链条业务，打破“投资人不管建设、建设者不去使用”的传统模式。

工程总承包发挥责任主体单一的优势，明晰责任，由工程总承包企业对项目整体目标包括绿色化目标全面负责，发挥技术和管理优势，实现设计、采购、施工等各阶段工作的深度融合和资源的高效配置，实现工程建设高度组织化，提高工程建设水平与节约资源、保护环境的水平。从项目整体角度出发，统筹协调，在设计阶段就充分考虑绿色化的可行性，开展绿色设计和精细化设计，对绿色化措施进行技术经济分析，通过设计和施工的合理交叉缩短建设工期，提高工程建设效益。工程总承包方必须对工程的资源节约、环境保护、质量、安全负总责，在管理机制上保障环境友好、质量、安全管理体系的全覆盖和严落实，并且借助于 BIM 技术的全过程信息共享优势，统筹安排设计、采购、加工、施工的一体化建造，有效避免工程建设过程中的“错漏碰缺”问题，减少返工造成的资源浪费，全面环境友好、提升工程质量、确保安全生产。工程总承包打通项目策划、设计、采购、生产、装配和运输全产业链条，在每个分项、每个阶段、每个流程上统筹考虑项目的绿色建造要求，避免各自为战、互不协同，实现工程建造过程绿色化。

丝绸之路（敦煌）国际文化博览会场馆

位于敦煌的文博会主场馆项目总建筑面积 25.7 万平方米，项目工程因特殊情况，要求六节一环保：节能、节地、节水、节材、节省成本、节约工期、环境保护。建造工期极短。该项目成功运用绿色建造方式：采用装配式钢结构建造方式建造，总装配化率达到 81.9%，是目前国内大型公共建筑装配化水平最高的；采用了信息化平台，全面采用 BIM 技术，设计、采购、施工在同一信息平台展示；采用了 EPC 工程总承包模式，整体统筹，一体化运作。该项目出色体现了更好、更省、更快，建造全过程严格绿色化，实现了“六节一环保”。该项目总工期从 3 年压缩至 8 个月，节省工期约 2/3，总体节省成本约 7%，节省项目管理成本 65%、资金成本（贷款利息）节省约 35%，现场施工人员减少约 1/3。项目建成后获得了绿色建筑二星级标识，并获得了鲁班奖（图 3-33）。

图 3-33　丝绸之路（敦煌）国际文化博览会场馆
图片来源：甘肃日报社

工程总承包模式打通了项目全产业链条，建立了技术协同标准和管理平台，可以更好地从资源配置上形成工程总承包统筹引领、各专业公司配合协同的完整绿色产业链，有效发挥社会大生产中市场各方主体的作用，并带动社会相关产业和行业的发展，有力提升绿色建造的绿色化水平。

（2）推广全过程工程咨询

在我国，“制度性分割”使工程咨询服务呈现“碎片化”，建设工程超预算、超投资、超标准的情况时有发生，造成社会资源的极大浪费，实现项目的整体环境友好更是难上加难。如何整合各类专项咨询并贯穿项目建设全过程，围绕项目目标管控提供咨询服务，成为一项摆在中国建筑行业面前的新课题。

2017年国务院明确提出推广全过程工程咨询。[1]全过程工程咨询实行全过程整体咨询集成，改变工程咨询碎片化状况，对工程建设项目前期研究和决策以及工程项目实施和运营的全生命期提供包含设计在内的涉及组织、管理、经济、技术和环保等各有关方面的工程咨询服务，服务内容涉及建设工程全生命期内的策划咨询、前期可研、工程设计、招标代理、造价咨询、工程监理、施工前期准备、施工过程管理、竣工验收等各个阶段的管理服务（图3-34）。

1 国务院办公厅：《国务院办公厅关于促进建筑业持续健康发展的意见》（国办发〔2017〕19号）. http://www.gov.cn/zhengce/content/2017-02/24/content_5170625.htm.

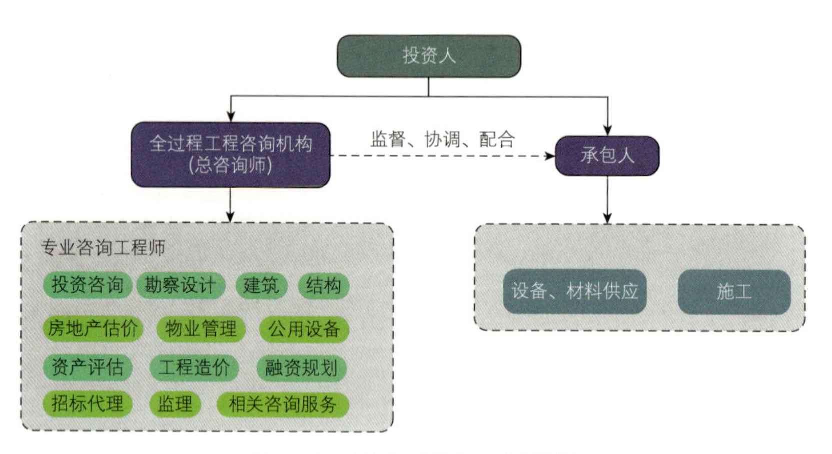

图3-34 全过程工程咨询方式示意图

全过程工程咨询服务是深化我国工程建设项目组织实施方式的改革，是开展绿色建造的有效组织方式，对实现绿色建造内涵丰富的各项目标起到保障作用。

全过程工程咨询服务可由一家具有综合能力的咨询单位实施，也可由多家具有投资咨询、招标代理、勘察、设计、监理、造价、项目管理等不同能力的咨询单位联合实施。全过程咨询要打通立项、规划、勘察、设计、监理、施工各个相对分割的建设环节，对项目统一管理和负责；全过程工程咨询服务还通过全过程整体统筹，综合考虑项目质量、安全、节约、环保、经济、工期等目标，在节约投资成本的同时缩短项目工期，提高服务质量和环保品质，有效规避风险，提升投资决策综合性工程咨询水平。要着眼客户长远利益，发挥专业化、集成化、前置化优势，为建设单位节约工程造价，提升工程质量及环保品质，降低建设单位主体责任风险。激发承包商的主动性、积极性和创造性，促进新技术、新工艺和新方法的应用以及工业化与信息化的融合。

鼓励投资咨询、勘察、设计、监理、招标代理、造价等企业采取联合经营、并购重组等方式发展全过程工程咨询，培育一批具有国际水平的全过程工程咨询企业。

探索在绿色建造中推行建筑师负责制。建筑师负责制是指以担任建筑工程项目设计主持人或设计总负责人的注册建筑师为核心的设计团队，其依托所在的设计企业为责任主体，受建设单位委托，在工程建设中，从设计总包开始，由建筑师统筹协调建筑、结构、机电、环境、景观等各专业设计，包括参与规划、提出策划、完成设计、监管施工、指导运营、延续更新、辅助拆除等多个方面，在此基础上延伸建筑师服务范围，按照权责一致的原则，鼓励建筑师依据合同约定提供项目策划、技术顾问咨询、施工指导监督和后期跟踪等服务。

建筑师负责制赋予建筑师在工程施工阶段至关重要的领导角色，建筑师全权履行建设单位赋予的领导权力，负责施工招投标、管理施工合同、监督现场施工、主持工程验收、质保跟踪等工作，担当起对工程质量、进度、环保、投资控制、建筑品质总负责的责任，最终将符合建设单位要求的建筑作品和工程完整地交付建设单位。

2016年开始，上海在住房和城乡建设部批准的浦东新区建筑业综合改革示范区推行“建筑师负责制”，经过实践，有效提高了规划管理效能，提升了建筑品质，起到了积极的效果。[1]

1 黄静：《浦东“建筑师负责制”提升规划效能》2016. http://www.pudong.gov.cn/shpd/news/20160324/006001_098e9188-48bb-40ef-8b35-0afd00d41bc7.htm.

（3）政府工程集中建设

政府工程集中建设指政府投资建设项目由政府成立专门机构承担工程建设任务，政府职能部门代理政府（业主）与项目建设方签订市场合同并管理和监督项目全过程，项目建成后交付项目使用单位使用的行为。政府工程集中建设模式有利于绿色建造的开展。

政府工程集中建设模式将政府投资工程的所有者权力和所有者代理人的权力分开，投资决策与决策执行分开、政府公共管理职能与项目业主职能分开。政府投资工程项目由稳定、专业的机构集中统一组织实施，而不是由类似项目指挥部的临时成立机构进行分散建设。对政府投资工程进行集中管理就要对政府投资工程的建设实施进行相对集中的专业化管理，通过相对稳定的机构和管理人员，代表政府履行业主职能，落实工程质量终身责任制以及环境友好的职责；通过建立规范系统的项目管理制度和程序、持续不断的项目管理实践，积累管理经验，全方位保障工程项目建设品质和水平。

张家港的政府工程集中管理模式

江苏省张家港市政府投资工程由政府专门机构建筑工务处集中建设，[2]相关行政主管部门全程参与，采用投资、建设、管理、使用主体分离的组织实施方式，形成了“工程高度集中，权力高度分散”的权力配置体制。2010年张家港市建筑工务处被江苏省住房和城乡建设厅授予首个“政府投资工程集中建设示范单位”称号。[3]

2 张家港市人民政府：《关于印发〈张家港市政府投资建设项目代建管理暂行规定〉》的通知（张政发〔2005〕56号）. http://www.zjg.gov.cn/govxxgk/014180233/2005-04-21/56a09ffb-d2c9-4a0f-a769-e75330153d83.html.

3 《张家港模式：政府工程管理新样板》，《中国建设报》，2011. http://www.hsjgw.gov.cn/View/2011/08/04/11404.html.

政府工程集中建设模式有利于实现工程项目管理的专业化，提升工程建设品质和水平；有利于系统性、连贯性地响应绿色建造目标并进行贯彻执行；有利于约束使用单位内在的扩张冲动，避免使用单位出于自身利益需要而扩大项目建设规模、提高建设标准、不顾环保要求，从而有效控制项目投资及建设规模；有利于加强对集中建设项目的统一监管，实现全方位的管控，从源头上预防和治理工程建设领域的腐败问题，从体制机制上加强对政府投资工程项目的有效监管。

3.3.5 建造过程产业化

建筑业在国民经济中具有关联度大、产业链长、集成度高、社会贡献拉动效应显著的特点，绿色建造是个复杂的系统性行为，需要以产业化的方式进行推进，而绿色供应链为产业化的基础。

（1）打造绿色产业链

建造活动产业化是建筑产业链的产业化，是使建造活动向前端的产品开发，向下游的建筑材料、建筑部品部件延伸，通过产业链优化配置资源。产业链充分体现专业化分工和社会化协作，用“系统性”来克服“碎片化”带来的弊端。从工程建造全过程和循环经济角度出发，绿色产业链可划分为两个基本产业链：绿色动脉产业链和绿色静脉产业链。

动脉产业链从资源利用角度分析，是以“原生资源-产品”为物质流向的产业。绿色动脉产业链是以绿色策划-绿色设计-绿色建材-绿色施工-绿色运营主要环节相关产业和其配套产业的企业为节点，以技术、产品、资本为纽带，以绿色建筑等为最终产品，从而形成的一条具有协同效应绿色属性的综合链条。工程总承包企业通过一体化的方式，结合全过程工程咨询，统筹动脉产业链中的各个环节，达到合作与共享，实现更高的效率和更大的生态效益（图 3-35）。

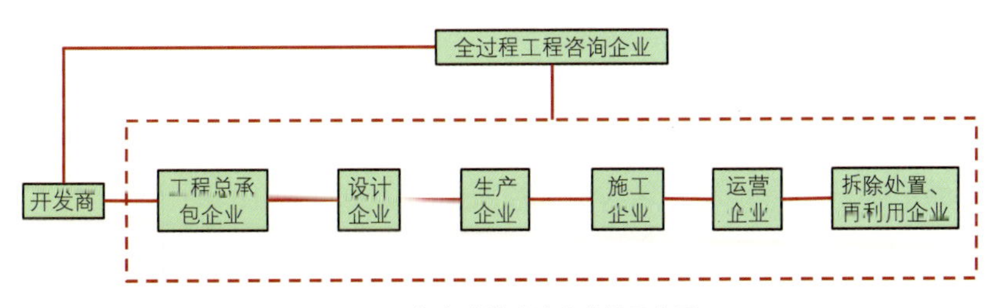

图 3-35 绿色建造动脉产业链示意图

静脉产业链是“资源–产品–再生资源”的循环式产业链，对建筑资源进行节约、回收、再利用以实现产业链的无限循环。绿色静脉产业是循环经济的重要组成，作为与绿色动脉产业平行发展的部分，在废弃物的回收、再生及无害化处理上是对绿色动脉产业的补充，物质流向从生产、流通及消费环节所产生的废弃资源，经过回收、运输、分解、资源化等环节，重新作为原材料或消费品，进入生产、消费领域，兼顾生态环境与经济效益的协调发展。绿色建造的静脉产业链包括产品及旧材料直接回收、建筑产品维修、旧产品与材料的分拆及再制造等新型行业。该产业链涉及的单位有建筑垃圾回收企业、建材再生企业、施工单位等（图 3-36）。

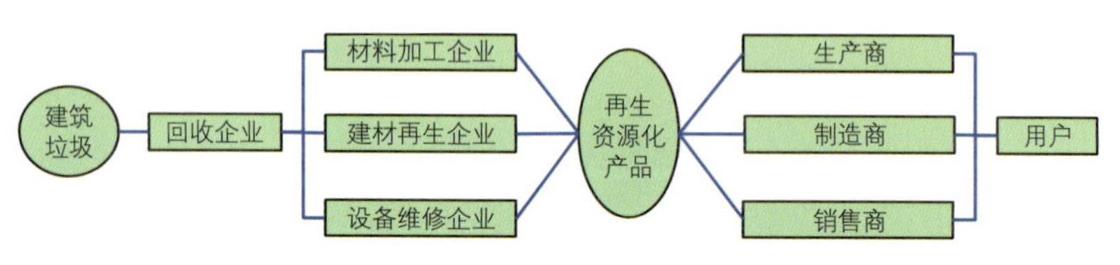

图 3-36 静脉产业链示意图

北京市大兴区瀛海镇全封闭式资源化处理厂

北京市在大兴区瀛海镇建有全封闭式资源化处理厂，占地面积约 6.7hm²（100 亩），年处理建筑垃圾量达 200 多万吨，主要转化成再生骨料、再生透水砖、再生标砖、再生降噪砖、再生护坡砖等再生产品，资源化利用率达到 96% 以上，所生产的再生骨料和延伸产品已经用于亦庄开发区万亩滨河森林公园道路、南海子公园与瀛海镇镇区绿化、京台高速、首都环线高速公路等项目中。[1]

1 北京市发展和改革委员会、北京市住房和城乡建设委员会：《关于印发北京市建筑垃圾资源化处置利用典型案例的通知》（京发改〔2018〕1135号），http://fgw.beijing.gov.cn/zwxx/tztg/201806/t13404904.htm.

（2）以产业化促进绿色建造发展

要在产业化的视角下重新审视工程建造活动。建造过程产业化通过资源共享以及上下游的互利关系将相关产业资源进行绿色化整合，将一连串的经济活动纵向集合成产业链而实现价值增值，用过程绿色保证产品绿色。循环经济下的产业化模式从产业链的前端开始就要考虑对建筑物进行绿色化设计，以绿色技术为引领，以绿色材料为基础，减少资源消耗，延长建筑物使用寿命，考虑后期的资源化再利用，并使拆除建筑物产生的废弃物能够在回收再利用后回归到工厂化生产中，形成一条闭环的、可持续发展的新型建筑产业链，让建筑企业在这条产业链上不断地反复循环，提升整体行业的价值。

要对策划、设计、采购、生产、施工和运营等上下游企业进行绿色化整合，融合互补，从建造流程的分散性模式向全产业链模式提升转化，形成完整的绿色产业链条，并在项目建造过程中不断整合各企业的优势资源，为保障绿色建造奠定基础。同时，鼓励建立绿色产业联盟，整合绿色产业链中的产学研资源，加快企业间研究成果的共享，构建完整的技术集成体系，让科学技术尽快地转化为生产力，推动协同式发展。要根据绿色发展理念，对产业链的人、机、料、法、环要素，[1] 提出绿色化要求，以此促进实现产业链的绿色化，让产业链中上下游企业获得持续收益，实现整体生态效益最大化。

1 毛志兵主编《建筑工程新型建造方式》，中国建筑工业出版社，2018，第106页。

要促进产业链条中的企业不断进行绿色化改造，强化绿色建造动脉产业链的支撑能力。支持企业实施绿色战略、绿色标准、绿色管理和绿色生产，开展绿色企业文化建设，提升品牌绿色竞争力。引导企业建立集资源、能源、环境、安全、职业卫生于一体的绿色管理体系，将绿色管理贯穿于企业发展，实现生产经营管理全过程绿色化。发挥大型企业集团示范带动作用，在绿色发展上先行先试，引导企业建立绿色信息公开制度，定期发布社会责任报告和可持续发展报告。

中国建筑发布的可持续报告

中国建筑集团在《中国建筑2018年可持续发展报告》中发布，单位产值能耗同比下降5.4%，万元增加值综合能耗0.2089吨标煤，组织环保培训470次。中国建筑实施全产业链创新模式，围绕“绿色建造、智慧建造、建筑工业化”构建新型建造技术体系，2018年研发投入159.1亿元，展示了企业的绿色建造行动。

绿色建造的产业化对于产业结构的绿色转型具有重要意义，它不仅需要整个绿色产业链的全面支撑，也需要通过不断完善产业相关的政策、法规，引导绿色建造动脉产业链的形成。江苏常州武进绿色产业园积极引进相关企业，打造形成了初具规模的绿色产业链园区，有力支撑了地方的绿色建造开展（详见第六章案例）。

04

绿色建造产品

- 绿色建筑是绿色建造代表性产品，能够降低能源资源消耗，减少环境污染，促进人类的健康宜居，满足人民日益增长的美好生活环境需求。绿色建筑进行规模化发展，加上绿色基础设施等要素，可实现绿色生态城区乃至走向绿色城市，达到生产空间集约高效、生活空间宜居适度、生态空间山清水秀的目标，让人民在城市生活得更方便、更舒心、更美好。未来城市定会实现人与自然的和谐共生。

4.1 推广绿色建筑

绿色建筑立足于人文关怀、资源节约、环境友好，关注人的体验感和幸福感，环境承载力和资源配置，建筑、环境与人的和谐关系以及全生命期的综合效益。发展绿色建筑是我国建筑业提升发展质量和效益，降低能源资源消耗，减少环境污染，增强人民群众获得感、幸福感的重要着力点。

随着社会需求提升，绿色建筑向纵深化、规模化方向发展，产生出被动式超低能耗建筑、装配式建筑、绿色生态城区等绿色建造相关产品（图 4-1）。

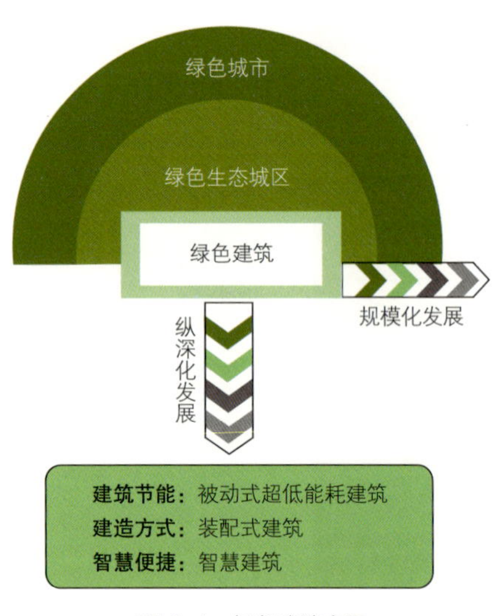

图 4-1 绿色建造产品

4.1.1 什么是绿色建筑

绿色建筑是在全寿命期内，节约资源、保护环境、减少污染，为人们提供健康、适用、高效的使用空间，最大限度地实现人与自然和谐共生的高质量建筑。[1] 绿色建筑是贯彻“创新、协调、绿色、开放、

1 中华人民共和国住房和城乡建设部:《绿色建筑评价标准》GB/T50378—2019，中国建筑工业出版社，2019，第 2 页。

共享”发展理念建造出的“适用、经济、绿色、美观”的建筑，不但关注环境、生态、资源的友好，同时也关注人文、经济、社会发展的友好，是生态、健康、低碳、智慧、人文多种含义的有机统一，是促进人类获得健康福祉的建筑。

我国自2006年开展绿色建筑工作以来，绿色建筑主要聚焦于节地、节能、节水、节材和环境保护方面，通过集约用地、微环境营造、生态环境优化设计等环境友好措施实现节地；通过良好保温的围护结构、高效节能的设备、充分利用可再生能源等高效方式实现节能；通过使用节水系统与设备、充分利用雨水、中水等技术实现节水；通过采用节材设计优化、选用高强度高耐久材料、使用绿色建材等新材料实现节材；通过隔声降噪、自然采光、自然通风、遮阳、气流组织优化等技术实现良好的室内环境；最终通过综合平衡，以最小的能源资源消耗，最大限度地实现人、建筑、环境的和谐共处（图4-2）。

图4-2 雁栖湖国际会展中心
图片来源：雁栖湖国际会展中心

绿色建筑相比常规建筑在建筑品质的关键指标上有大幅提升，可以实现从“住有所居”到“住有宜居”，绿色建筑热舒适性高、通透通风、自然采光好、绿化率高、布局合理、生态环境优越，更加健康、舒适、宜居，满足了人们对健康舒适自然优美的空间环境的需求

（图 4-3）。例如，对于安置房建设，在注重节能节水等绿色技术应用的基础上，通过功能性绿地来丰富邻里交往空间，采用具有乡土文化气息的雕塑小品等措施来照顾新搬迁带来的乡愁情感，可以大大提升回迁居民的幸福感。

图 4-3　屋顶绿化 + 光伏天窗设计

绿色建筑立足于当地自然资源条件、经济状况、气候特点，传承乡土建筑优势元素和文化特色，与自然和谐共生，是具有时代特点和地域特征的建筑。例如，在北方地区冬天的室内外温差可高达 30℃以上，绿色建筑注重墙体和窗户等外围护结构的保温，给建筑穿上“厚棉袄”，可以大幅减少采暖能耗；而在南方地区绿色建筑更注重自然通风和遮阳，这两项非常简单的技术应用可以大幅减少空调的使用，使其比常规建筑节能 30% 以上（图 4-4）。

绿色建筑利用本土的、低成本绿色技术实现节能减排，投入低、收益好。据统计，绿色建筑投入 1%～5% 的增量成本，3～5 年就可回收，建筑在几十年的使用过程中节约运行费用，获得持续的收益。例如，深圳建科大楼，工程造价仅每平方米 4300 元，低于深圳市同类

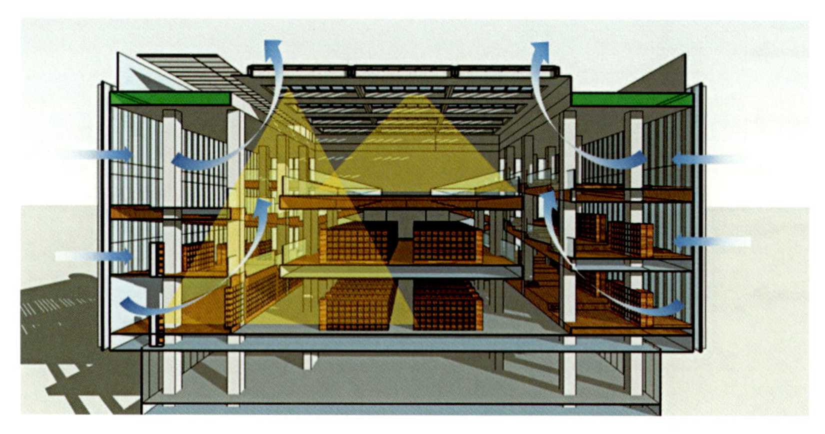

图 4-4 保温、自然通风和采光

办公建筑的平均造价，但却达到了绿色建筑三星级标准，大楼的用电量仅为深圳同类办公楼的 40%，照明用电量只有同类建筑的 29%。

绿色建筑相比常规建筑对技术和材料要求更高，绿色建筑能够全面集成建筑“四节一环保”等多种技术，涉及从上游的建材和设备的研发、绿色设计到中游的绿色施工，再到下游的绿色建造产品的营销、运营与报废回收等，拉动了节能环保建材、新能源应用、节能服务、咨询等相关产业发展，极大带动了建筑技术革新，直接推动了建筑生产方式的重大变革，促进了建筑产业优化升级。

4.1.2 绿色建筑的发展

为适应绿色发展和高质量要求，新时代绿色建筑概念吸收了健康建筑、可持续建筑、百年建筑、装配式建筑等新理念、新成果，扩展了绿色建筑内涵。2019 年 8 月 1 日，国家标准《绿色建筑评价标准》GB/T 50378—2019 正式实施。在新的标准中，对绿色建筑强调了“以人民为中心”的属性，以建筑使用者的满意体验为视角，从之前的功能本位、资源节约转变到兼顾建筑的人居品质、健康性能上来，以新时代高品质绿色建筑满足人民日益增长的美好生活需求（图 4-5）。

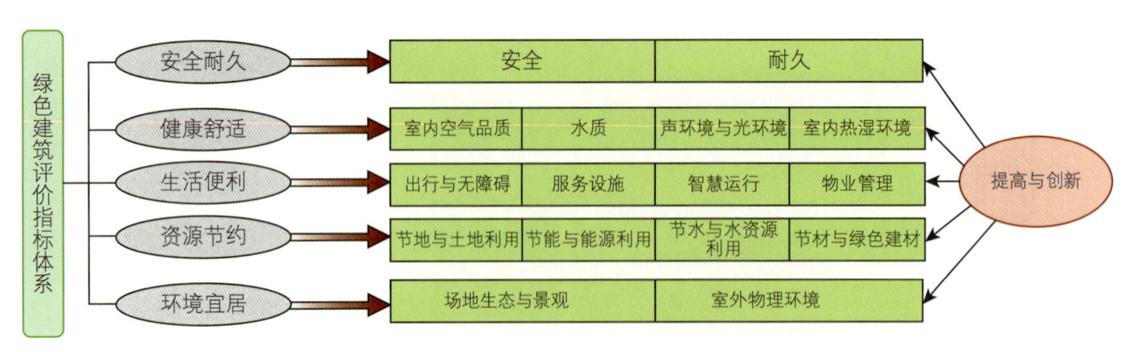

图 4-5　新时代绿色建筑评价指标体系

近些年随着国家对绿色建筑的推动，绿色建筑出现了一些创新升级产品，被动式超低能耗建筑就是典型升级产品之一。被动式超低能耗建筑是指适应气候特征和自然条件，通过保温隔热性能和气密性能更好的围护结构，采用高效新风热回收技术，最大限度地降低建筑供暖制冷需求，并充分利用可再生能源，以更少的能源消耗提供舒适室内环境的建筑。其主要实现途径如下：通过造型和布局优化，利用建筑自身的保温、隔热、遮阳、自然通风、天然采光等被动式措施，降低大部分建筑能耗；采用高效的采暖、空调、通风、生活热水设备进一步降低设备运行能耗；通过带有热回收装置的新风，以很小的能耗保障空气清新、湿度适宜；再通过光伏发电、太阳能热水等可再生能源进行能源替代，达到超低能耗要求（图 4-6）。

图 4-6　被动式超低能耗建筑关键特征

被动式超低能耗建筑很好地解决了能源消耗和室内良好舒适度这二者的矛盾，通过高效的保温和高性能门窗，减少了建筑为维持室内环境对空调、采暖等机械设备的依赖。与现行国家节能设计标准相比，供暖能耗降低 85% 以上，空调能耗降低 60% 以上，即使没有冬季集中采暖和夏季空调制冷情况下，也可以保持一个相对舒适的室内环境质量。室内温度均匀稳定，体感更舒适，室内温度常年保持在 20～26℃。良好的气密性可以减少冬季冷风渗透，降低夏季渗透通风导致的空调需求增加，避免湿气侵入造成的建筑发霉、结露和损坏。新风多层过滤系统将粉尘挡在了室外，将室内 $PM_{2.5}$、PM_{10} 大幅降低。加装在新风系统上的除湿加湿装置让室内湿度常年保持在 30%～60% 舒适的范围，使人们不再有燥热和潮湿的不适感。高质量的外围护结构系统削减了室外噪声，让人们在夜晚时可以有一个安静的环境进入梦乡。

秦皇岛“在水一方”住宅项目

本项目作为中国首例被动式超低能耗建筑，2013 年被国家发展改革委员会与住房和城乡建设部列为“建筑行业低碳技术创新及产业化示范项目”。经连续多年测试，冬暖夏凉，在取暖费用节约 70% 的情况下实现了舒适、健康和宜居，大大提升了住户的获得感和幸福感（图 4-7）。

图 4-7　秦皇岛“在水一方”被动式超低能耗建筑

图片来源：秦皇岛五兴房地产有限公司

装配式 + 被动式超低能耗建筑是绿色建筑更进一步的创新升级产品，成功实现了工业化的高质量建造方式与超低能耗建筑的高质量建筑品质的结合，是绿色建造的代表性高品质产品之一。

山东建筑大学教学实验综合楼项目

本项目是国内第一个钢结构装配式被动式超低能耗建筑，获得了德国能源署、住房和城乡建设部科技与产业化发展中心联合颁发的“高能效建筑-被动式低能耗建筑”质量标识认证。该项目采用了高性能的门窗、外墙、遮阳等建筑材料，通过精细化施工，减少了建筑材料的维修和更换，延长了建筑寿命，使投资获得了较高的收益。建造工期比常规建筑工期缩短了 20% 以上，施工过程污染少，省人工。室内噪声、采光、新风、温湿度等舒适性大幅提高，为师生提供了良好的学习工作环境，且运行能耗比同类新建建筑节约 60% 以上（图 4-8）。

图 4-8 山东建筑大学教学综合实验楼

4.2 发展绿色生态城区

4.2.1 绿色生态城区的提出

绿色生态城区是指在空间布局、基础设施、建筑、交通、生态和绿地、产业等方面，按照资源节约、环境友好的要求进行规划、建设、运营的城市建设区。[1] 绿色生态城区不仅涉及多种类型建筑，还涉及城区的交通、能源、生态环境等系统要素，这些城市要素及其建设过程，是绿色建造规模化实现的重要产品。

1 中华人民共和国住房和城乡建设部：《绿色生态城区评价标准》GB/T 51255-2017，中国建筑工业出版社，2017，第2页。

愈演愈烈的全球环境和生态危机使得以往基于工业文明、依靠资源消耗、以环境破坏为代价的传统城市发展模式受到越来越多的诟病，主张人与自然和谐共处的生态文明理念成为全球的共识和时代的主题，绿色、生态的城市发展模式应运而生。绿色生态城区作为对传统的工业化带动的城市发展模式的反思，在本质上减少对自然资源的高度依赖，强调人与自然的和谐共生，追求社会、经济、生态有机融合的发展目标，适应城市可持续发展的内在要求，成为转型时期全球城市发展的主流方向。[2]

2 陈志端：《新型城镇化背景下的绿色生态城市发展》，《城市发展研究》2015年第2期。

我国在经济的高速发展中付出的巨大资源与环境代价，严重制约着我国的可持续发展。2012年党的十八大报告提出，“把生态文明建设放在突出地位”，绿色的城市发展方式和生活方式也成为新型城镇化建设的重点发展方向。绿色生态城区是我国在生态文明理念指导下城市转型发展的核心方向，近些年成为我国城区建设的先锋及重点。

在生态文明和新型城镇化等国家宏观战略的引导下，国家各部委和各级地方政府相继出台了一系列政策和激励措施，积极推动城市规划与建设向绿色、生态、低碳、集约的方向发展。国家发展和改革委员会、住房和城乡建设部、财政部和生态环境部等相关部委相继出台了一系列相关政策积极推动绿色生态建设，包含支持绿色生态城区建设、补贴绿色建筑发展、推进建筑节能、开展城市试点示范、出台更新相应规范标准等方面。

住房和城乡建设部作为推动绿色城市发展的重要主管部门之一，开展的低碳生态试点城市、绿色生态示范城区和示范绿色低碳重点小城镇等一系列示范试点工作，对推动绿色生态城市的发展起到了良好的标杆作用。2012—2016 年间，住房和城乡建设部等部委批复中新天津生态城等共 3 批 16 个城区成为全国绿色生态示范城区。

4.2.2　绿色生态城区的建设要点

城区作为资源和能源消耗最为集中的区域，如果无节制地开发利用不可再生能源，在本质上是不可持续的。城区作为一个整体系统，单项建设开发的绿色并不能从根本上解决问题。绿色生态城区建设需要从更广泛和更长远的角度出发，通过“全系统思维”的方法，积极考虑城区涉及的建筑、水、能源、交通、废弃物等系统之间的相互联系，以确保发展项目符合整个系统的良性运转要求，有利于当今与后代的利益。

因此，首先应鼓励城区按照绿色、生态、低碳理念进行总体规划、控制性详细规划以及建筑、市政、能源等专项规划，并建立相应的指标体系，充分体现资源节约环境保护的要求；在城区开发建设过程中，需进一步整合建筑和市政设施的建设，整合绿色建筑、节能建筑、装配式建筑、可再生能源建筑应用，以及绿色建材、智慧城市、水资源综合利用等单项系统，形成统一的绿色高质量行动计划和实施方案，明确路径，形成合力（图 4-9）。

在绿色建筑规模化方面，制定科学合理的绿色建筑建设目标，明确城区各个区域、各个地块的建设目标，确定符合当地特色的技术路径，并将其纳入城市指标体系，使绿色发展从单体建筑的浅绿向生态城区的中绿发展。目前，国内的绿色生态城区，都已经将绿色建筑占新建建筑比例 100% 作为绿色生态城区的基本要求；同时，还结合区域条件和资源禀赋，提出了高星级绿色建筑、被动式超低能耗建筑、装配式建筑的建设目标，实现区域产业发展和绿色建筑规模化发展的

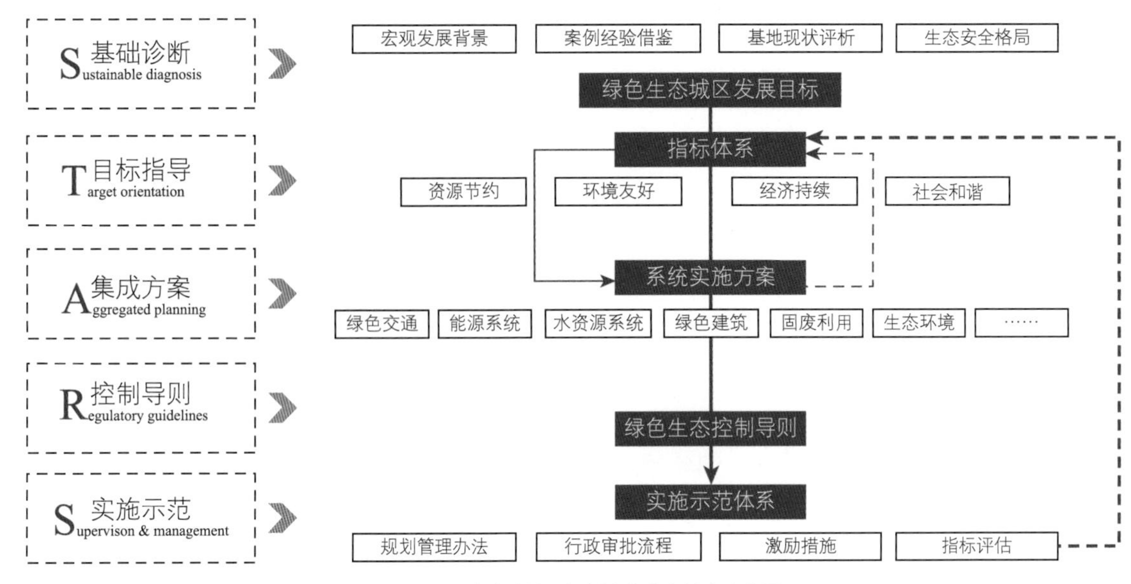

图 4-9　绿色生态城区规划实施方案技术路线图

联动互补。绿色建筑的规模化发展，不仅对建设领域产生了积极影响，也带动了绿色产业的发展，对社会、经济产生了深远影响。

在绿色能源系统方面，建设供给利用效率高、可再生能源比例高的绿色能源系统，并建立能源供给、消费、存储、自生产的局部能源互联网络。充分利用地热源、污水源等可再生能源形式，满足城区的空调和采暖需求；利用太阳能、风力等可再生能源形式，满足城区部分电力需求；在城市公园、道路、绿地等处，应用与太阳能光伏系统结合的景观小品、路灯等（图 4-10）。

在绿色交通系统方面，建设便捷、安全、通畅、智能的绿色交通系统。以绿色出行为导向进行交通规划，重点通过建设合理的自行车通道，合理布局公交地铁站点，提高公共交通系统覆盖率等方式，缓解区域交通拥堵；在道路、桥梁的建设中，进一步应用绿色施工技术，减少扬尘，减轻对环境的压力。尤其是在桥梁的建设中，采用装配式的建造方式，减少施工过程中现场产生的环境污染，提高施工效率。同时，对区域水系的生态环境进行合理论证，避免对生态环境造成损害。

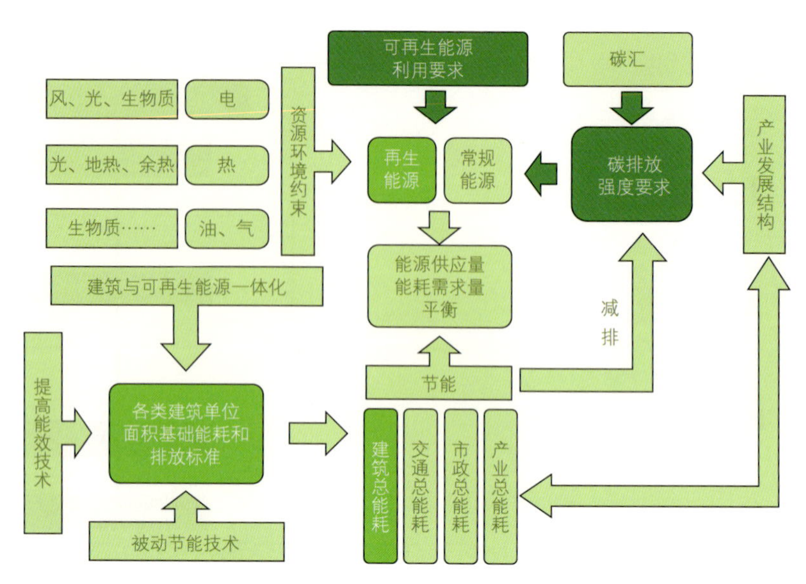

图 4-10　多能互补的综合能源系统架构图

在绿色环境营造方面，建设蓝绿交织、水城融合、小雨不积水、大雨不内涝、防洪有保障的海绵系统。根据城区的竖向特征，结合场地内自然水系与市政管网条件，进行给水、排水、雨水系统的一体化规划设计。在城市水系统建设中，积极推广绿色建造的方式，推行装配式模块化雨水调蓄池、建筑废弃物再生透水砖（图 4-11）。

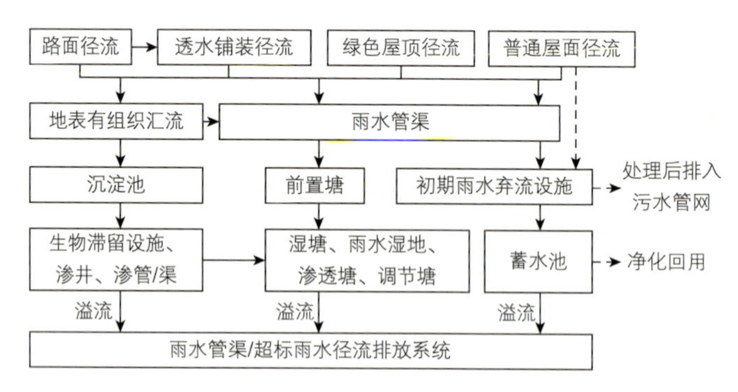

图 4-11　海绵系统技术路线图

图片来源：住房和城乡建设部：《海绵城市建设技术指南——低影响开发雨水系统构建（试行）》2014 年 10 月

在废弃物处理与再利用方面，建设源头减量、分类收集、循环利用的垃圾收集处理系统。建设生态的固废处理系统，减少垃圾产生量与处理量，减少垃圾二次污染，提高垃圾资源化利用程度，形成城市居民集体参与的垃圾管理机制。对于餐厨垃圾、大件垃圾和其他垃圾，实现分类收运。对于危险废弃物，委托有相应资质的企业进行处理；对于建筑垃圾，采用移动设备就地处理，加工成再生混凝土、再生预拌砂浆、再生压制砖等产品，用于城区建设（图 4-12）。

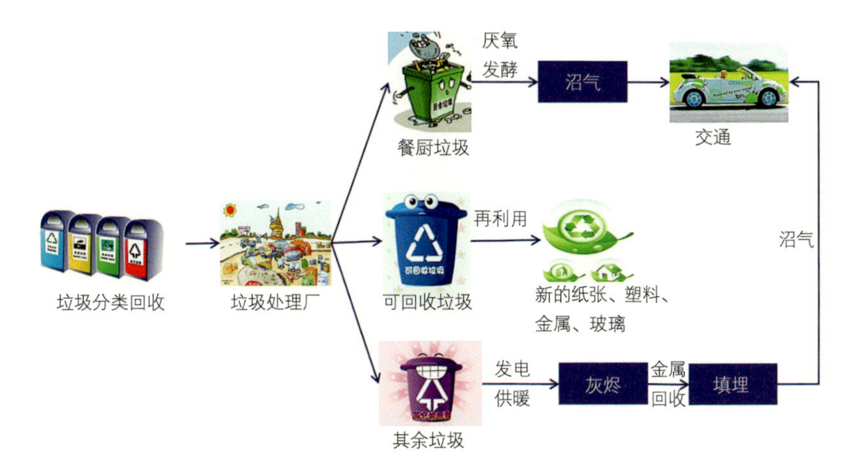

图 4-12　废弃物处理与利用系统流程图

4.3 畅想未来绿色城市

人需求的变化、科技的变革、环境资源条件的制约，以及社会经济文化的快速发展，对城市不断提出新的要求。未来城市将会从以人为本的城市本原出发，采用绿色建造方式，以能源零碳排、污染零超标、垃圾零废弃、建筑零拆改、安全零事故、质量零缺陷、工期零延误为目标，实现人与自然和谐共生，打造一个更加美好的人类未来栖居之地。

通过绿色建造的工业化与智慧化融合，未来工地将基本成为无人工地，墙体、楼板等建筑构件在工厂内由智能化生产线和机器人自动生产，由无人机在工地上采集数据后，通过智慧建造系统生成施工方案，智慧生产线按照施工方案进行模块化组装；在施工现场，建筑机器人将代替建筑工人进行模块化组装，工地将不再出现污染环境、浪费资源的情况，同时可提高建造的效率，解放人力，提升人的创造力和决策能力。基于物联网技术，工地现场的机械设备与中央指挥平台“会话”以获得关键性能参数。业主和项目承包商应用建筑信息模型和虚拟现实等技术识别、分析和记录项目空间设计参数、设计细节、成本和进度，以便更早地开展早期风险识别和决策。面对建设过程中不可预知的地质问题，未来城市借助探地雷达、磁力仪、无人机等技术，绘制基地地上和地下的3D图景，减少对历史文化项目和环境敏感型项目的不确定性干扰。美观、造型多变的工地围挡，低噪声、无扬尘的施工现场，使工地融入城市景观，成为一道动态的风景。未来工地对智能化生产线、智能机器人、无人机、智慧建造系统等方面产品的需求激增，将延长和丰富建筑业绿色产业链，带动高端智能设备制造商发展，提供高精尖创新技术工作岗位，提升建筑业科技水平，带动城市经济发展。

未来都市随处都会有一些别致的“口袋公园”，景观营造独具匠心。即使在下雨的天气，下凹绿地、雨水花园和渗透塘等汇集储存渗透地面雨水，路面不会出现积水。漫步小尺度街区，每一步都是探索愉悦、新奇与舒适的温暖旅程。建筑内部同样具有多样化的绿色生态环境，拥有植物、动物和多种自然景观，建筑如同植入森林之中，在建筑中能够感受自然的温度和风感、日夜交替和四季变化，消除了建筑和自然环境之间的界限。

未来城市将实现“人在园中，园在城中”的愿景。城市绿廊贯穿整个城市，成为未来城市净化空气和水质的“绿肺”和“绿心”，300m见绿、500m见园的设计与自行车道、步行道的设计相结合，使骑行和步行前往写字楼成为上下班通勤的解决方案。

米兰“垂直森林”项目

米兰“垂直森林”高115.9m，2014年建成，每户都拥有一片自己的小“森林”，大楼共栽种有480棵较大树种、250棵小树、11000株地被植物和5000株灌木，相当于一公顷森林覆盖面积。其社区丰富的绿植系统，营造出一种适宜居住的城市森林微气候（图4-13）。有助于净化城市空气、增加湿度、吸收二氧化碳和灰尘颗粒。不仅有效改善了居民的环境质量，也创造了一个天然的阻挡辐射与噪声的屏障。

图 4-13　米兰“垂直森林”

美国亚马逊西雅图总部项目

美国亚马逊西雅图总部营造了既适宜植物生长，又适合办公的生态环境。在这里，小溪和瀑布环绕在植物周围，使员工以为自己身在山间林中，成功地为亚马逊员工提供了名副其实的亚马逊丛林生态环境（图 4-14）。

图 4-14　美国亚马逊西雅图总部内部图片

未来城市如同一座巨大的“乐高积木”，建筑都是模块化拼装，以适应城市的不断演变。未来建筑将会是从以人为本的建筑本原出发，以实现人们美好生活为宗旨，以零能耗为节能目标，体现高度智慧的，促进人类健康福祉的，绿色生态的，具有多种含义且各系统有机联系，人–建筑–自然和谐共生的，具有地域性特色的建筑。未来建筑更加关注人们的健康需求，能够提供清新的空气、干净的水、温湿度适宜的室内环境、亲近自然的良好体验。关注人心理健康、社交的需求，提供交流、相聚的邻里生活空间，打破现代都市邻里间隔阂，创造共享社区的生活模式，提高人的幸福感。提供更加开放、共享的办公空间与环境，有助于员工合作与交流、激发灵感与创造力。充分利用太阳能等可再生能源，不仅可以满足建筑自身能源消耗，还可以向外界供能。

工业化的绿色建造方式可以使未来建筑具有可变性。工作场所与外部世界的界限被打破，不再局限于枯燥的办公室或拥挤的隔间，员工可不设置固定的座位，工作位置根据员工当日的行程安排，办公空间和家具可以自由组合、变换，办公空间具有休闲、娱乐、会议多种功能。居住的建筑空间可以随着家庭结构的变化，改变室内功能和户型，如卧室和客厅可以一键切换，两居室可以转化成三居室。未来建筑将拥有最大限度的可变性与灵活性，以应对未来的不确定性。如迪拜达 · 芬奇旋转塔，每一层楼都能以不同速度 360° 旋转，大楼风貌多变，不同时间、天气下，会显现出不同色彩，可以从多种角度欣赏自然风景。

未来城市社区的垃圾，通过一个“智能废物用户界面”，由机器人完成收拣和运输，实现肥料堆制和循环再造。未来建筑能够想人所想，智慧感知人的需求和身体健康情况，并能够分析健康数据，还可以感知人的情绪，在人心情不好时，给以安慰。可以与人进行沟通和交流，能够实现会客、娱乐、休息等各种场景智慧切换，室内采光可以根据日光的变化自动调整。如阿姆斯特丹德勤总部大厦，手机软件（Application，简称 APP）可与智慧系统关联，员工的日程安排将决定其当天的工作场所，并有多种类型的办公地点供其选择，不管走到哪，应用程序都知道员工对光线与温度的偏好，并相应地调整环境。

未来城市的能源系统，将以可再生能源逐步代替矿物能源，可再生能源尤其是太阳能光伏系统与城市建筑、景观相结合，城市中的每栋建筑将转为微型发电厂，以便就地收集可再生能源。未来城市中储能站将作为城市能源系统中枢，“城市充电宝”即预制舱式储能、“城市电暖宝”即高温相变储热等装置，让能源储存更新鲜。能源互联网的“指挥部”即源网荷储协调系统实现“电源–电网–负荷–储能”多环节协调运行控制，具备“需求响应”“主动孤网”“应急支撑”三大能力，让电网运营更经济，大电网安全更有保障。能源“立交桥”即电力电子变压器，能够实现多环节协调运行，多种电压等级与交直流电源之间自由变换，让用电如呼吸般自然。

未来城市将是一座全时空感知、全要素联动、全周期迭代的虚拟城市。采用 CIM 技术，记录城市成长的每个瞬间，跟随城市发展的全过程，逐步建成一个与实体城市完全镜像的虚拟世界。在未来，大到一个社区，小到一扇门窗，每个空间单元都有自己的身份证和属性表，我们可以随时找到它的位置，查询它的前世今生。对城市管理者而言，他们将从一个全数字视角看一个城市的整体规划、建设、运营全过程，让之前散落在不同部门、组织中的设计图纸，全部在数字平台上呈现。未来城市将运用实时物联网的运行数据，成为一座虚实相生的城市，每一处变动都知晓对整体格局的影响，每一个宏观决策都体现对个体感受的关怀。

实心墙生产线
Solid Wall Production Line
预养护窑
必须戴好安全帽

05

推动绿色建造的建议

- 我国绿色建造发展仍处于培育和成长的初期，还存在概念界定不清晰、技术体系不完善、政策法规不健全、创新动力不足等一系列问题。

- 推动绿色建造必须统筹兼顾、整体施策、多措并举，要从全方位、全行业、全过程角度做好顶层设计，明确开展绿色建造的总体要求，体现政府的引导作用，并充分发挥市场的主导作用，采用“强制”与“激励”相结合的方式推动绿色建造的开展。

- 过程中加强政府的支持与促进，推动建筑业供给侧改革。通过政府、社会共同建设完善标准体系，促进标准绿色化水平向国际先进迈进，促进绿色建造质量整体稳步提升并走向国际。同时还需深入实施创新驱动发展战略，以新技术新业态改造提升绿色建造发展，为其提供源源不断的强大动力。

5.1 明确开展绿色建造的总体要求

坚持绿色发展理念，以实现建造活动节约资源、保护环境为核心，以解决传统建造活动污染大、排放大、方式粗放、标准水平低为目标，以深化建筑业供给侧结构性改革为主线，发挥市场在资源配置中的决定性作用，推动建筑业实现持续健康绿色的转型发展。

5.1.1 政府引领、市场主导，明确绿色建造发展目标

环境保护的外部性特征决定了绿色建造的发展需要政府的政策引领，并通过“有形的手”发挥作用，需要强化政府引领、市场主导，做好绿色建造顶层设计，将有限的资金聚焦到绿色发展最重要、最关键、最紧迫的产业。要在推进绿色建造工作中有效发挥引导作用，制定相应方针政策和法规制度，明确绿色建造发展长期和短期目标，通过法规制度明确绿色建造责任，提高社会公众绿色建造意识，同时应鼓励企业自愿推进和实施，推动绿色建造快速发展。

各级政府应将绿色建造纳入生态文明目标体系，研究制定可操作、可视化的推动绿色建造发展的指标体系。将绿色建造发展融入城市发展总体战略，把绿色建造作为环境保护和生态建设、循环经济发展、节能降耗与应对气候变化等发展规划的重点工作之一，推动绿色建造从局部、单体向系统性、区域化发展，建设绿水青山的绿色城市。

根据不同地域特点，各级政府要出台积极推进绿色建造行动计划。对绿色建筑、装配式建筑、超低能耗建筑、绿色产业园、绿色生态城区等绿色建造产品加大推动力度。据统计，北京市 2010—2019 年绿色建筑认证项目共计 363 项（图 5-1）。

对资源能源节约和循环利用、生态环境保护、生产全过程的废

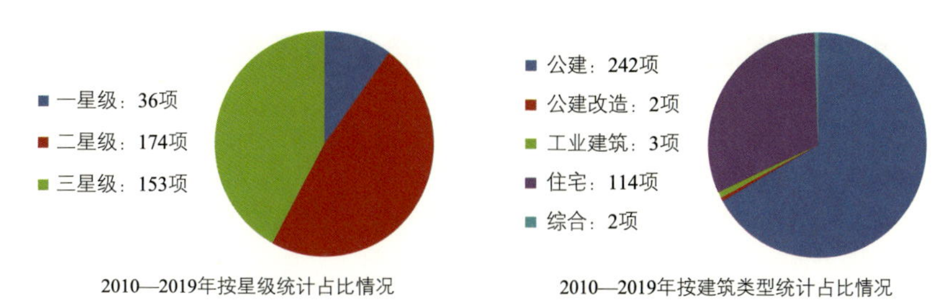

图 5-1　北京市绿色建筑认证项目统计图

物减量化、资源化和无害化等产业，尤其对国家发展改革委等部委联合发布的《绿色产业指导目录（2019 年版）》中明确的内容，要加大扶持力度，并划定产业边界，协调部门共识，凝聚政策合力。要调控绿色建造的发展方向，提出有效的方略，合理设定资源消耗限制强度，强化能源消耗强度、水消耗强度控制，建立能源、水资源消费总量管理和节约制度，持续引导绿色建造的发展。坚持鼓励试点先行和整体协调推进相结合，先易后难、分步推进。支持各地区根据不同的资源环境禀赋条件，因地制宜，大胆探索与试验，积极探索健康建筑、零能耗建筑、产能建筑、智慧建筑、模块化建筑、废弃物建造建筑、生物建材建筑等。深入开展绿色建筑、绿色生态城区、绿色城市的建设，及时总结有效做法和成功经验，建立政策和技术支撑体系，加大推广力度。

北京、河北等地制定的绿色建造相关目标

北京市要求全市新建项目达到绿色建筑一星级以上标准，到 2020 年装配式建筑占新建建筑面积的比例达到 30% 以上，2016～2018 年建设不少于 30 万平方米的超低能耗建筑示范项目。河北省到 2020 年，城镇新建建筑中绿色建筑面积比重超过 50%，建设被动式低能耗建筑 100 万平方米以上。山东省济南市、青岛市，到 2020 年装配式建筑占新建建筑面积比例到 30%。上海市从 2016 年起，全市范围内实施装配式建筑，建筑单体预制率不低于 40% 或建筑单体装配率不低于 60%。深圳市到 2020 年，全市装配式建筑面积占新建建筑面积的比例达到 30% 以上，到 2025 年达到 50% 以上，到 2035 年达到 70% 以上。

5.1.2 “强制”与“激励”相结合推动绿色建造发展

可以采用强制性政策与激励性措施相结合的方式为推进绿色建造开展提供强有力的保障。制定严格的考核制度，建立有效的激励机制，既要形成支持绿色建造发展的导向机制，又要对各类市场主体进行有效约束，逐步实现市场化、法治化、制度化。

（1）强制性政策

通过立法的形式来保障绿色建造要求得到落实。绿色建造要求可纳入建设条件、规划审批、设计审查、施工验收等工程建设全过程管理，通过努力完善市场推进机制、强化政府引导和扶持等举措，推动绿色建造各项工作有序开展。江苏、浙江、河北、贵州、安徽、辽宁等地通过人大立法制定通过了《绿色建筑发展条例》，条例包含了新建民用建筑的绿色建筑发展目标、重点发展区域、装配式建筑、超低能耗建筑要求等内容，制定了装配式建筑、超低能耗建筑和绿色建材应用的比例，并且明确了相关法律责任，强有力地推动了绿色建筑的发展。

以招拍挂方式供地的建设项目，要在规划条件中明确项目绿色建筑的比例及星级要求、被动式超低能耗建筑比例、装配式建筑的比例以及全装修成品住房比例等，并作为土地出让合同的内容。

国内部分地区的强制性政策

石家庄部分城区要求，对出让、划拨地块在约 6.67 公顷（100 亩）(含)以上或总建筑面积在 20 万平方米（含）以上的项目，在规划条件中明确必须建设一栋以上被动房，开工建设被动房面积不低于总建筑面积的 10%。北京市提出建筑规模 5 万平方米（含）以上商品房开发项目应采用装配式建筑。对以划拨方式供地的保障性住房、政府投资的公共建筑项目，应带头开展绿色建造，提高上述比例要求。例如，北京市新建保障性住房实现“实施绿色建筑行动和产业化建设”100% 全覆盖；天津市鼓励政府投资建筑和大型公共建筑执行二星级以上绿色建筑标准；山东省保障性住房及中小学、幼儿园、医院、体育场馆等政府投资工程全面采用装配式技术建造；深圳市新出让住宅用地项目和政府投资建设保障性住房 100% 实现产业化等。

推动绿色建筑运行数据或建筑能耗公示制度，加强绿色建筑运营数据统计和公示工作，大力提升绿色建筑运行水平，以此倒逼绿色建造开展。建设绿色建筑运营管理及监测平台，采集反映绿色建筑实际运行效果的重要数据，如电耗、热耗、水耗等，并向全社会公示。建立和完善绿色建筑监督管理机制，进行绿色建筑效果后评估，实现绿色建筑向实效化发展。

北京市的公共建筑电耗限额

北京市对公共建筑的电耗限额进行了规定并严格进行考核，共对6000多家单位共计1.3万栋公共建筑下达了年度用电限额指标，每年单位面积电耗降低10%以上，平均节约用电每年3.4亿度，相当于15万户居民的年用电量。同时，用价格手段、市场机制倒逼环境容量超标的建设区域和污染严重的项目进行技术改造，并在环境高风险领域建立环境污染强制责任保险制度，确保绿色保险保驾护航绿色建造项目的实施。

制定建筑产业技术政策，编制建筑业绿色建造技术导则、技术推广目录和指导手册，对于效果好、成本低、适用性强的绿色建造技术，采取强制应用和推广措施。

（2）激励性措施

目前绿色建造激励性政策涵盖了“用地支持”“面积奖励”“财政补贴”“税收支持”“金融支持”“建设环节支持”等方面，有效调动了建筑企业实施绿色建造的积极性。

出台面积奖励政策，规定绿色建造项目、绿色建筑、装配式建筑、被动式超低能耗项目等可以给予容积率奖励。如北京市对于未在实施范围内的非政府投资项目，凡自愿采用装配式建筑并符合实施标准的，给予实施项目不超过3%的面积奖励；对于建筑外墙采用夹心保温复合墙体的，其夹心保温墙体外叶板水平投影面积不计入建筑面积。天津市对于被动式超低能耗建筑的外墙外保温层厚度超过7cm所增加的部分不计算建筑面积。石家庄、保定等地则规定建设被动式超低能耗建筑的地上建筑面积9%不计入容积率，不计征城市建设基础设施配套费，不增收土地价款。

利用专项引导资金重点支持，建立财政支持绿色建造的长效机制，鼓励企业进行技术升级和管理模式革新。

北京、石家庄、上海等地的激励政策

北京市2018年度绿色建筑二星级运行标识项目奖励每平方米11.25元，绿色建筑三星级运行标识项目奖励每平方米20元。北京市对2018～2019年的被动式超低能耗建筑示范项目奖励每平方米600元，单个项目不超过2000万元。石家庄市对2018～2019年开工建设被动式超低能耗项目奖励每平方米200元，单个项目不超过300万元。上海市对建筑面积达到3万平方米以上，且预制装配率达到45%及以上的装配式住宅项目，奖励每平方米100元，单个项目不超过1000万元。深圳市对于自愿采用产业化方式建造的，奖励建筑面积3%。

对采用绿色建造的企业，符合条件的可被优先认定为高新技术企业，可按规定享受相应税收优惠政策。对采用绿色建造方式的优质诚信企业，在收取国家规定的建设领域各类保证金时，各地可施行相应的减免政策。例如，四川省对于利用现代化方式生产的企业，经申请被认定为高新技术企业的，减按15%的税率缴纳企业所得税。

制定投标政策倾斜、提前办理《商品房预售许可证》、开辟绿色通道、鼓励科技创新与评奖优选等大量工程项目建设环节的支持政策。例如，河北省对于主动采用住宅产业化现代化建设方式且预制装配率达到30%的商品住房项目，开辟报建绿色通道。

充分发挥绿色金融在城市建设中的作用，探索适合地方的绿色建造与金融结合的市场化运作机制，通过开展绿色金融试点示范城市及项目，以市场化手段保障绿色建造实现预期目标。尤其针对国家发展改革委员会等七部委联合发布的《绿色产业指导目录（2019年版）》

明确的绿色产业，鼓励各类金融机构加大绿色信贷的发放力度，支持发展绿色产业发展基金、绿色债券、绿色建筑保险、绿色金融领域各类国际合作等。实行市场化运作，以市场化手段保障绿色项目实现预期目标。形成政府、开发建设方、银行、保险各方市场主体的利益驱动闭环，带动社会资本市场支持绿色建造。积极推动金融机构发行绿色债券，鼓励企业发行绿色债券，探索以用能权、碳排放权、排污权和节能项目收益权等为抵（质）押的绿色金融方式。研究设立绿色产业发展基金，鼓励社会资本按市场化原则设立节能环保产业投资基金。

陕西西咸新区的绿色债券

2016年陕西西咸新区城投平台公司公开发行绿色债券16.7亿元，全部用于沣西新城绿色城市综合新能源项目的建设发展，项目包含沣西新城210万平方米干热岩供热供暖实施建设以及区域内新能源汽车充电站和充电桩建设，项目的建成有效减少了沣西新城的环境污染，改善了人居环境，带动了绿色新能源技术的应用，推动了绿色城市建设。

5.2 加强政策支持与促进

绿色建造打破了传统的体制、利益格局和运行机制，为此，需要在绿色发展的理念下，实施新的制度安排，使追求绿色建造日益成为工程建设领域各类市场运行主体的自觉行为和目标，构建绿色建筑产品的需求与供给、绿色建造过程的投入与产出之间新的均衡关系。

5.2.1 完善建筑市场监管体制机制

推动工程建设组织方式变革。加快推行工程总承包，出台工程总承包管理办法，加快完善工程总承包相关的招标投标、施工许可、竣工验收等制度规定，落实工程总承包单位在节约资源、保护环境方面的责任。政府投资工程应带头采用工程总承包模式。装配式建筑应采用工程总承包模式，符合条件的可采用邀请招标的方式。发展全过程工程咨询，政府投资工程应带头推行全过程工程咨询。进一步在民用建筑工程项目中推进建筑师负责制。加快政府投资工程组织实施方式的改革，积极推进相对集中的专业化管理，加快构建政府投资工程集中建设的强制性机制，保障政府投资工程项目绿色建造的开展。

在国家政策激励及国家规范标准约束下，建立绿色建造有效的管理机制。把开展绿色建造列入各级政府的工作职能范围内。利用行政、经济、法律等多种手段加强对绿色建造的引导和监管。围绕“落实主体责任”和“强化政府监管”两个重点，明确监管重点，强化队伍建设，创新监管方式，开展工程建设绿色化提升行动，确保政府对绿色建造实施有效监管。全面落实各方主体的节约环保责任，特别要强化建设单位的首要责任和工程总承包单位的主体责任。对于政府投资工程，政府作为建设单位要承担首要责任，工程总承包方要对节约环保承担主体责任。强化工程监理作用，推进建造全过程监理，推动监理企业从思想观念、组织机构、管理体系、人员素质等方面进行绿色化转型升级，创新绿色建造监管技术和监管模式、提高绿色建造监管能力和水平。推动建立绿色建造全过程信息追溯机制，把生产、施工、装修、运行维护等全过程纳入信息化平台，实现数据即时上传、汇总、监测及电子归档管理等，增强行业监管能力。

推进政府公益服务与专业市场化服务有效结合的服务模式。充分调动各方资源，动员政府、协会、业主、设计、施工等相关方协同推进绿色建造的开展。鼓励建设项目业主单位采用绿色建造，鼓励把环境保护和资源节约等内容纳入建设合同条款。探讨改革工程量清单计价规范，将绿色施工额外增加的费用列入工程量清单计价规范取费范围。建立统一的绿色建筑、绿色建材、能效标识、绿色施工等绿色产品认证、标识评价体系，采用第三方评价制度和评价机构信用管理体系。

5.2.2 推进建筑业供给侧结构性改革，促进绿色建造的开展

发展工业化建造。大力发展装配式建筑，推行装配式建筑全装修与主体结构、机电设备一体化设计和协同施工，有效减少材料消耗，减少施工扬尘、噪声等污染，缩短建设周期（图 5-2）。有效集聚产业化的市场资源，统筹发展装配式建筑设计、生产、施工及设备制造、运输、装修和运行维护等全产业链，增强产业配套能力。引导建筑行业部品部件生产企业合理布局，提高产业聚集度。培育一批设计、生产、施工一体化的装配式建筑骨干企业，促进建筑企业转型发展。推广普及智能化应用，完善智能化系统运行维护机制，逐步推广智能建筑。推动建材工业转型升级，支持企业进行绿色建材生产和应用技术改造，促进绿色建材和绿色建造融合发展。

图 5-2 装配式建造

提高信息化水平。增强 BIM、大数据、智能化、移动通信、云计算、物联网等信息技术集成应用能力，加强信息技术在工程中的应

用，推进基于 BIM 的建筑工程设计、生产、运输、装配及全生命期管理，促进工业化建造。建立“互联网 +”环境下的工程总承包项目多参与方协同工作模式，实现产业链各参与方在各阶段、各环节的协同工作。积极推动智慧工地的普及，鼓励通过信息技术应用，对施工现场扬尘、噪声等污染情况实施动态监测、控制和优化管理，政府针对性地进行监管（图 5-3）。

图 5-3 利用智慧工地实现监管

现阶段推行绿色建造必然会在传统工程管理的基础上增加部分成本投入，为减轻企业负担，解除其后顾之忧，政府应根据各地区的差异，将绿色建造额外增加的费用，经调研测算后作为一个子项列入定额取费范围。

充分发挥绿色建造示范工程的引领和示范作用，形成各具特色的绿色建造发展模式，推动绿色建造走向规模化，以点带面推动转型发展。一是加强单体绿色建筑的建造方式示范。二是加强绿色建造在生态城区建设中的试点与示范，以示范工程为平台，充分发挥行业协会、产业绿色联盟等的桥梁纽带作用，梳理总结成功经验和做法，尽快引导促进更多更好的绿色建造技术和管理经验应用于工程建设，强化激励作用，激发各责任主体和参建各方参与的积极性，提高绿色建造实践水平。制定绿色建造推进规划，明确规定每年绿色建造应用示范项目的达标比例，明确各企业每年绿色建造应用示范项目的达标比例，作为年度考核目标，并制定实施相应的奖惩措施。

鼓励企业增强绿色建造能力，积极开展绿色建造活动。鼓励企业增强工程总承包能力，不断进行科技创新，立足工程项目全生命期，高度统筹与集成，系统协调工程策划、设计、施工等各项活动，全面实现建筑产品和建造过程的绿色化，探索绿色建造实施的一体化模式，提高企业的绿色建造能力和绿色竞争能力，实现由传统生产力转向现代绿色生产力。

培育现代化建筑产业工人队伍。健全建筑工人培训用人管理机制，鼓励建筑业企业培养和吸收一定数量自有技术工人。改革建筑用工制度，推动建筑业劳务企业转型。鼓励现有专业企业进一步做专做精，增强竞争力，推动形成一批为绿色建造配套的技能型专业企业。建设全国建筑工人管理服务信息平台，积极落实建筑劳务用工实名制管理。扩大建筑产业工人队伍培育示范基地试点范围，推动建筑业劳务企业转型。健全建筑业职业技能标准体系，全面实施建筑业技术工人职业技能鉴定制度。加强人才梯队建设，建立建筑工人职业教育培训体系，打通建筑工人职业发展通道，培养高素质建筑工人，培育众多“中国工匠”（图 5-4）。

积极开展国际交流合作，实施“走出去”战略。在“一带一路”等国际合作中贯彻绿色发展理念，全面提升绿色建造领域的国际交流层次和开放合作水平，构建开放共享的合作交流平台，共谋绿色发展。着眼于全球资源配置，采用工程承包、技术合作等方式，推动绿色建造走出去，为全球生态安全作出新贡献。

图 5-4　产业工人队伍

5.2.3　深化工程造价管理改革

工程造价管理贯穿于工程项目建设全过程，完善工程造价市场竞争机制是推进工程建设领域各项改革的突破口，通过合理确定和有效控制投资、保障质量安全，为绿色建造提供基础性保障。

在项目前期统一适应多主体、多层级及不同发承包模式的清单计算规则，建立政府投资典型标杆工程造价数据库，以工程造价指标指数体系逐步替代传统定额，支持推行工程总承包和发展装配式建筑。在招投标阶段建立"企业自主报价、竞争形成价格"的市场价格机制，通过市场竞争机制倒逼企业提升技术水平、转变建造方式、降低建设成本，实现管理制度创新，助推建筑业转型发展。构建国际先进的工程造价管理模式，推动工程造价全过程咨询，改进工程项目管理模式。

5.3 提升标准绿色化水平

工程建设标准水平的高低直接影响绿色建造的品质，绿色建造的创新也需要标准的及时配套，高水平的标准是实现工程与产品节约资源、保护环境的保障。标准提升要贯彻生态优先、绿色发展理念，建立健全绿色建造标准体系，加快制修订生态环境、生态经济、生态文化等方面急需的关键技术标准，着力推动绿色建造标准应用实施，推动人与自然和谐共生，不断满足人民日益增长的美好生活需要。

我国绿色建造的应用和普及起步晚，现行绿色建造的相关标准、规范涉及的环节和学科多，虽然各专业学科已经形成了各自的标准体系，但由于体制、机制等方面的制约，相互缺乏有机协同，在一定程度上导致绿色设计、绿色施工、绿色建筑等标准和规范独立发展、各自为政，缺乏从设计、加工、施工到运营等整体绿色角度的标准和规范，给绿色建造的策划、实施和评价带来了障碍，不利于绿色建造的整体推广。

目前建筑业绿色发展模式朝着系统性、综合性方向发展，需要建立相应的综合性标准体系支撑绿色建造，从推动绿色建造的要求出发，修订标准、规范，并适时制定直接针对绿色建造的标准规范，推动绿色策划、绿色设计、绿色施工、绿色运营的标准、规范的整合与提升。

5.3.1 加大标准提升力度

提高绿色建造标准，要转变政府职能，强化强制性标准，优化推荐性标准，为绿色建造发展“兜底线、保基本”。培育发展团体标准，搞活企业标准，构建“企业实施、政府监管、社会监督”机制，增加标准供给，引导创新发展，进一步增强标准的有效性、先进性、适用性，提高标准国际影响力和贡献力。

绿色标准的提升，紧密围绕国家生态文明建设目标，统筹空间布局、经济发展、环境保护、生态文化等多个维度，协调绿色建造全产业链，充分发挥市场和政府作用，推动绿色建造标准的系统规划和协同开展。紧密围绕绿色建造瓶颈问题和需要，结合建筑业、各地方自身特点，着力提高绿色建造相关标准的适用性和有效性，突出资源节约与循环利用、环境保护、生态恢复等与生态文明建设直接相关的标准化项目，防止泛化，按照轻重缓急有序推进。增强能源资源节约、生态环境保护和长远发展意识，更加注重标准先进性和前瞻性，适度提高安全、质量、性能、健康、节能等强制性指标要求，逐步提高标准水平，鼓励地方采用国家和行业更高水平的推荐性标准，在本地区强制执行。推荐性地方标准重点制定具有地域特点的标准，突出资源禀赋和民俗习惯，促进特色经济发展、生态资源保护、文化和自然遗产传承。建立转型发展的倒逼机制，推动解决制约绿色设计、绿色施工、绿色建材、绿色装备等领域的短板，鼓励创新，淘汰落后，从而整体提升全产业链建造技术水平。

绿色标准的提升

北京市在全国率先编制发布了地方标准《北京市绿色建筑工程施工验收规范》，对保障绿色建筑的质量起到了有效作用。积极培育团体标准，鼓励具备相应能力的行业协会、产业联盟等主体共同制定满足市场和创新需要的标准，建立强制性标准与团体标准相结合的标准供给体制，增加标准有效供给。中国建筑学会编制发布了社团标准《健康建筑评价标准》，在绿色建筑基础上对建筑提出了进一步的健康要求，提高了建筑产品的品质，推动了我国健康建筑的发展。鼓励企业结合自身需要，自主制定更加细化、更加先进的企业标准。

加强中外标准衔接，积极开展中外标准对比研究，绿色建造技术指标要全面提升至国际领先水平，促进我国工程建设水平整体稳步提升。技术表达方式要全面适应国际化需求，在内容要素、指标构成等方面，提高与国际标准的一致性。正如我国高铁的建设，高标准高起点高要求，现在引领了国际高铁的发展。要借鉴国外先进技术，跟踪国际标准发展变化，结合国情和经济技术可行性，缩小中国标准与国外先进标准技术差距，推动绿色建造“走出去”，体现“中国建造”。如以“一带一路”倡议为引领，优先在对外投资、技术输出和援建工程项目中推广应用，积极推动与主要贸易国和“一带一路”沿线国家之间的标准互认、版权互换。鼓励有关单位积极参加国际标准化活动，加强与国际有关标准化组织交流合作，承担国际标准和区域标准的编制，推动我国优势、特色技术标准成为国际标准。[1]

1 毛志兵主编《建筑工程新型建造方式》，中国建筑工业出版社，2018，第408-409页。

5.3.2 绿色建造标准提升方向

深入贯彻推进绿色发展的总体部署，建立和完善绿色建造标准体系，充分发挥标准化在绿色建造中的支撑和引领作用，建立内容合理、水平先进、国际适用性强的技术法规和标准新体系。服务工程建设领域供给侧结构性改革，提高工程质量和安全水平，保护生态环境，促进新技术应用和产业转型升级。

提升环境质量要求，满足人民群众对天蓝、水清、空气清新的美好环境需求。加强建造过程中大气、水、土壤污染物监测、排放限值、安全评价、质量分级等方面标准的制定。加快修订地表水、地下水、土壤、振动等环境质量标准，以及建筑物污水综合、大气综合等污染物排放标准。加强生态保护修复管理与技术、自然资源利用与生物多样性保护等标准的制定。

提升城乡基础设施建造要求，治理“城市病”，促进宜居宜业。优化城市布局、功能，提升城乡综合绿色化水平。提升城市绿色照明水平，提高城市供暖、供水管网建设水平，严控管网漏损浪费，降低城市运行能耗物耗。提升轨道交通、综合管廊、海绵城市建设、污水处理和生活垃圾处理设施水平，营造城乡宜居环境。提升路网、交通枢纽安全、耐久性能（图 5-5）。

图 5-5 城市森林步道——福州“福道”
图片来源：王东明

提升能源资源节约利用水平，构建清洁、低碳、高效的能源体系，推进资源节约和循环利用。健全节能、节水、节地、节材、环保标准体系，加快制定修订能效、能耗限额、能源管理体系等节能标准，加强煤炭、石油、天然气等传统能源清洁高效利用标准研制。研制太阳能、风能、生物质能、氢能、地热能等新能源领域标准，完善新能源利用标准体系。提高光伏、光热发电设施建设质量要求，提升电网输配效能，提高输电容量、安全可靠性，提升用电终端指标水平。研制取水定额、水效、水足迹、水回用及非常规水源利用等节水标准。研制大宗工业固废、建筑垃圾、餐厨垃圾综合利用等标准，加快健全再生原料及废弃物资源化、产品有害物质控制等相关标准，健全园区循环利用相关标准。

提升建筑耐久性要求，增加建筑使用寿命和减少维修费用。提高建筑材料的耐久性要求，如采用高性能混凝土、高强度钢，高耐久性装饰装修材料、防水密封材料，延长建筑物的使用寿命，减少维修次数，在客观上避免建筑物过早维修或拆除而造成的巨大浪费。强化建筑功能和空间变性，实施建筑结构与建筑设备管线分离等，延长建筑寿命。

提升基本公共服务设施水平，满足生活便利需求。提升公共文化设施安全、环保、无障碍配置要求，推动现代公共文化服务设施建设。提升全民健身公共设施、医疗设施、适老与养老、母婴服务设施建设水平要求。

提升人居品质要求，满足人民群众对美好生活需要。开展绿色城市、绿色小镇、绿色社区等方面标准制定；完善居住区功能规定，优化绿化、体育休闲设施、停车设施布局；提升住房室内环境指标，严控甲醛等污染物浓度。提升建筑节能指标，提高供暖效率。提升住房便利化、适老化指标要求，在电梯设置、无障碍设施建设方面更加人性化。提升电气、防水等隐蔽工程薄弱环节指标要求。

提升生态文化建设，倡导简约适度、绿色低碳的生活方式。加快产品环境信息披露相关标准制定。研制绿色消费、绿色出行指南等促进绿色生活方面的标准，加强绿色产品标准宣传，建立生态文化教育培训体系。

明确绿色建造相关定额要求，促进绿色建造市场化发展。坚持市场为核心，完善绿色建造相关定额，积极引导绿色新技术、新工艺、新材料、新设备的应用，科学、及时开展绿色建造计价依据体系、清单和定额编制，避免因没有纳入工程定额，新增绿色措施没人买单的现象，将绿色措施纳入建设成本，使绿色增量成本有据可依，促进绿色建造健康发展。

5.4 提升科技创新支撑能力

科技创新为绿色建造的发展提供源源不断的动力，绿色建造技术的发展，必然要带动工业化、信息化以及管理科学化的发展，资源的利用效率将提高，环境污染将得到更有效控制，作业强度也会大大降低，总体建造效率得到更大提升，它们将促进建筑业生产方式转型升级，提高建筑产业现代化水平。

5.4.1　对传统建造技术进行绿色化识别与改进

目前，建造过程中普遍采用的施工技术、工艺及材料技术等，机械化程度相对较低，施工生产效率低、能耗大的陈旧设备依然在施工中普遍使用，特别是在边远地区，这些现象更为明显。此外，建筑工业化生产程度较低，不能完全满足绿色建造技术应用的要求。还有，建筑废弃物的处理技术研究还远远不足，缺少施工现场垃圾减量化和再利用的综合技术，建筑废弃物回收利用率远低于美国、欧盟、日本等发达国家和地区，浪费了大量资源，也破坏了环境，建筑业循环经济发展滞后。因此，要在保障安全、质量的前提下，以环境保护、资源高效利用、减轻劳动强度、改善作业条件为核心目标，对传统建造技术进行绿色化识别与改进，逐步淘汰资源能耗高、生产效率低、工程质量和安全生产不稳定的施工工艺和生产方式，引进国外先进的绿色建造管理经验、技术和建造方式，并进行绿色建造专项技术的创新研究，构建全面、系统的绿色建造技术体系。

绿色建造技术的研发重点抓好以下四个关键环节：一是要通过自主创新、引进消化和再创新，瞄准绿色化、工业化、信息化建造的发展方向，进行绿色建造技术创新研究，提高绿色建造水平。二是要加强绿色建造技术集成，形成基于各类工程项目的成套技术成果，提高效率。三是要对传统建造技术进行绿色识别和改进，应至少覆盖但不限于环境保护技术、节能与能源利用技术、节材与材料资源利用技术、节水与水资源利用技术、节地与施工用地保护技术及其他“四新”[1]技术五个方面。四是在继续发展建筑“四节一环保”[2]技术的基础上，引导装配式建造技术、信息化建造技术、地下资源保护及地下空间开发利用技术、楼宇设备及系统智能化控制技术、建筑材料及施工绿色性能评价及选用技术、高强钢与预应力结

1　四新：新材料、新设备、新工艺、新技术。

2　四节一环保：节能、节地、节水、节材、环境保护。

构等新型结构开发应用技术、多功能高性能混凝土技术、新型模架开发应用技术、现场废弃物减量化及回收再利用技术、人力资源保护及高效使用技术的发展。

5.4.2 加强绿色建造技术集成和系统创新

加强绿色建造技术与现代信息技术的融合创新。在“互联网 +”时代，绿色建造需要强有力的信息技术支撑。信息技术能够大幅度提高工程建设的全生命期优化、专业化协同、集成化效益、虚拟化施工、动态化目标控制精度，从而提高绿色建造过程的“智慧管理”程度。以 BIM 为代表的各种新兴信息技术不断涌现，对工程建设过程协同和集成的影响日益显著，借助于现代信息技术，绿色建造的实施将取得更好的实际效果（图 5-6）。

图 5-6　智能建造机器人施工作业

加强绿色建造技术与新型建筑工业化的融合创新。绿色建造的发展，必然要与建筑工业化、机械化的方向有机结合。采用工业化生产方式能够加快工程建设速度，改善作业环境，减少资源消耗，提高施工质量，保障安全生产，最大限度减少污染物排放。

建筑生产工业化是建筑技术与管理水平的综合体现，工业化程度的高低体现了建筑产业现代化的水平。绿色建造技术与建筑生产工业化的结合才能保持长久的生命力。

加强绿色建造技术与精益建造的融合创新。精益思想包括精益设计、精益生产、精益供应、精益管理等一系列内容。精益建造是以生产理论（Transformation-Flow-Value，简称TFV理论）为基础，以精益思想为指导，改造传统的工程项目管理方式，对工程建造的管理过程进行重新组合和优化设计管理流程，在保证工程质量、安全生产的前提下，以最快的进度、最低的成本和最少的环境污染，以向用户移交满足使用功能要求的建筑产品为目标的新型建造模式。精益思想和方法的应用，能够极大地推动绿色建造所提出的节能、节材、节水、节地、环境保护目标的实现。

加强绿色建造施工技术与建筑业发展循环经济的融合创新。根据建筑产品生产过程的技术经济特点和循环经济的基本原理，绿色建造技术的应用与建筑业发展循环经济的融合具有广阔的技术经济空间。把循环经济的“3R原则”即减量化、再使用、再循环（Reduce、Reuse、Recycle，简称3R）应用至建设单位、工程总承包单位、设计单位、施工单位、材料设备供应商等建造活动主体的内部运营过程，能够极大地促进绿色建造目标的实现。例如，设计单位可在确保建筑物质量安全和使用功能的前提下，进行设计方案的优化比选，尽量减少建筑材料的使用，尽量减少使用过程的能源耗费，从而满足绿色设计的要求；施工承包商开展节能、节材、节水等活动并对建筑垃圾回收使用，从而在更高的层次上达到绿色施工技术应用的目标要求。

5.4.3　强化绿色建造创新能力建设

建立联动的科技创新协同机制，推动资源整合建设，重点抓好科技服务、搭建平台、营造环境方面的工作，在创新主体培育、创新基地打造、人才培养、科技成果转化和国际合作等方面加强能力建设，促进科技创新与绿色建造行业发展有机融合。

培育充满活力的创新主体。增强企业的绿色建造创新主体地位和主导作用，引导各类创新要素向企业集聚，不断增强企业创新动力、创新活力、创新实力，使创新转化为实实在在的产业活动，形成创新型骨干领军企业、科技型中小企业全面发展的格局。促进企业与行业协会、高等学校、科研机构深度合作，改善产业技术创新战略联盟运行机制，系统提升绿色建造创新主体能力。

打造高水平绿色建造创新基地。瞄准绿色建造科技前沿，聚焦绿色建造发展需求，统筹规划、系统布局绿色建造科技创新基地建设。建设行业重点实验室与面向工程技术研发、应用的行业工程技术研究中心，引导高端创新要素聚集，深化产学研、上中下游企业的紧密合作，促进产业链和创新链深度高效融合，提升绿色建造全产业链的科技创新能力。

加大绿色建造人才培养力度。建设高水平科技创新团队，加快形成一支适应绿色建造新技术、新工艺要求，掌握高水平操作技能的人才队伍，形成衔接有序、梯次配备、合理分布的人才格局。培养一批能研发、懂管理、善经营的绿色建造科技人才。

推进绿色建造科技创新成果转化应用。建立符合国家相关政策和绿色建造行业特点的科技成果推广转化管理制度和办法，建立健全与绿色建造发展紧密结合的科技评估制度，加强科技计划项目立项、验收和成果推广全过程管理，推动科技成果与产业、企业技术创新需求有效对接。健全绿色建造技术公告和技术目录发布制度，推广绿色低碳、节能高效的先进适用技术，建设科技示范工程，推动新技术规模化应用，促进传统建造业升级。

06

案　例

- 本章分享了装配式建造、绿色建筑、绿色生态城区、绿色产业链、企业环境管理方面的典型案例，为绿色建造的开展提供借鉴，包括工程总承包管理模式下的“五化一体”装配式建造实施路径，以低成本绿色建筑集成技术实现“人-建筑-环境”和谐共生的成效，绿色生态城区总体实施策略和呈现的效果，绿色产业基地建设和全产业打造对绿色建造的支撑和保障，国外先进企业的环境保护实施策略和管理体系。

6.1 装配式建造：深圳市裕璟幸福家园项目

深圳市政府投资工程——裕璟幸福家园项目（以下简称幸福家园）建设地点位于深圳市坪山区，总建筑面积6.4万平方米，共3栋住宅建筑塔楼，总层数31～33层，层高2.9m，总建筑高度98m，采用装配整体式剪力墙结构体系。本项目是深圳市住房和建设局与深圳市建筑工务署在政府项目上带头推进装配式建筑以及采用EPC工程总承包模式的示范项目，也是住房和城乡建设部全国装配式建筑质量提升大会指定观摩项目。项目获得绿色建筑二星级标识。

项目的工程总承包单位对EPC进一步拓展，创新并实践“科研（Research）、设计（Engineering）、制造（Manufacture）、采购（Procurement）和施工（Construction）一体化（简称REMPC）”的模式，对项目实行全过程的管理，并对工程的质量、安全、节约、环保、工期和造价等全面负责。工程总承包单位系统考虑项目建造全过程的整体效益，从源头上保障项目资源、能源消耗的减量化和环保目标的实现。

作为深圳装配式建筑的代表工程之一，项目认真践行工业化建造的“五化一体”，即大力推进标准化设计、工厂化生产、装配化施工、一体化装修和信息化管理，以装配式技术手段实现集约化建造、高品质建造，减少资源浪费、降低能源消耗、提高环境保护效益。项目充分体现了装配式建筑的特点与优势，大幅提升了项目建造质量，提高了居住品质。项目预制率达到50%，装配率达到70%，是目前深圳市预制率最高的保障房项目。

标准化设计：项目通过设计的标准化实现后续建造过程的集约化，减少不必要的个性化带来的生产模具、施工设施等资源能源的无谓增加。

在平面标准化设计上，幸福家园的 3 栋高层住宅共计 944 户，采用 $35m^2$、$50m^2$、$65m^2$ 三种标准化户型模块组成，为预制构件设计的少规格、多组合提供了可能，为标准化立面、标准化构件及高效施工提供了必要的前置条件，极大降低了工厂生产、施工装配等后续过程中的资源消耗（图 6-1、图 6-2）。

在建筑立面标准化设计上，充分体现多样化，以标准化的模块组合成各种立面形式，同时辅以装配式的同规格外遮阳等部品，实现了标准化的建筑立面设计，为后续施工措施比如外脚手架搭设等提供标准化的技术基础，减少建造过程中的资源浪费（图 6-3）。

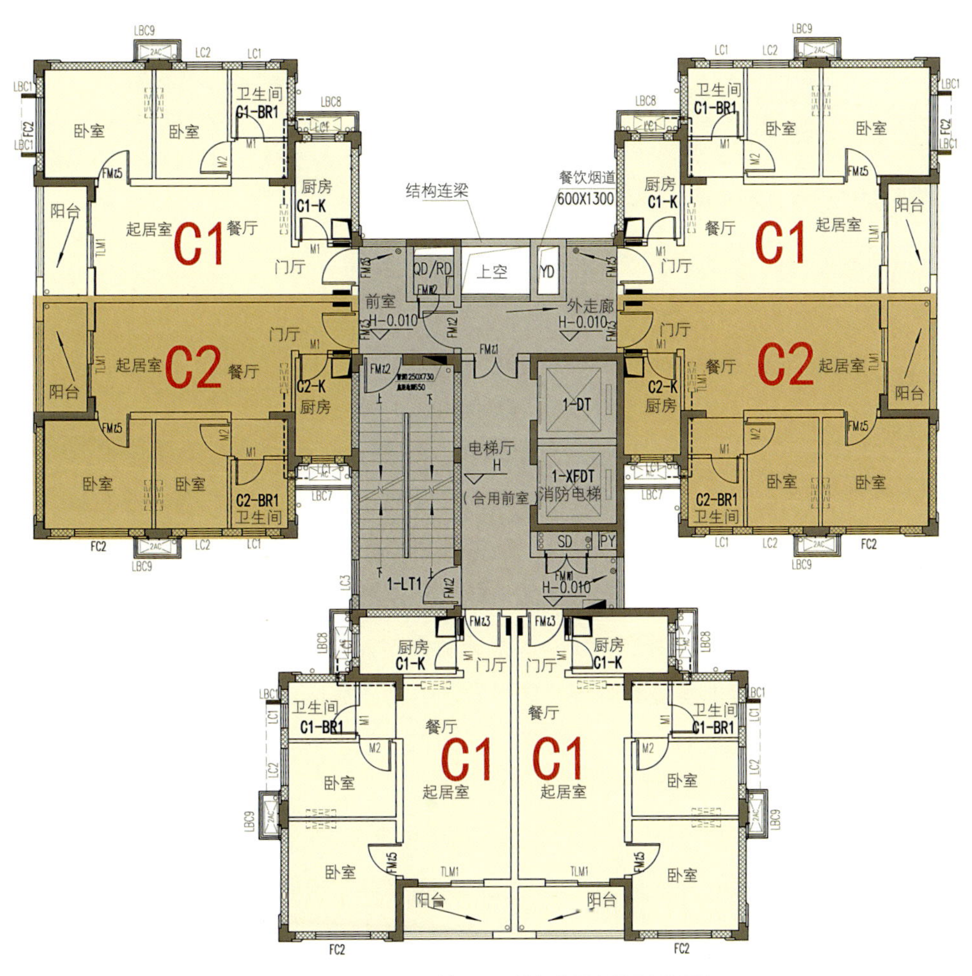

图 6-1　项目 1 号楼、2 号楼标准层户型及平面图

图 6-2　项目 3 号楼标准层户型及平面图

在预制构件标准化设计上，构件深化设计尽可能减少预制构件的规格、类型，减少工厂模具台套数，减少生产线工艺调整次数，在提高工厂的生产、储存、运输效率的同时，也提高了现场安装施工速度，减少了资源和能源的消耗。对建筑节点也进行了标准化设计，简化节点构造类型，统一节点设计尺寸，以减少施工过程中现浇模板、钢筋等的类型和数量，这些做法提高了各种设备的使用效率和构件现场加工效率，节约了资源，降低了建造成本。

工厂化生产：构件生产过程中模具采用可多次循环的钢制模板，工装工具实现标准化，不同规格系列可以实现通用化，使用周转效率高（图 6-4）。同时基于 BIM、ERP 等信息技术，砂石料、混凝土、钢筋等生产材料下料精确，原材料生产浪费极大减少，生产过程中产生的建筑

图 6-3　立面局部放大效果图

垃圾远低于现场现浇。混凝土自动化养护窑通过密闭作业对水分挥发控制科学，相较于现浇室外露天养护极大节约了养护用水。

装配化施工：机械化的装配和信息化管理方式代替传统手工、半机械化、低效率作业，实现了部品构件的出场、运输到现场装配的全过程信息化管理，形成装配式混凝土结构标准化、工具化的安装体系。现场的装配化施工，采用铝模和钢支撑体系，可多次重复使用并且可回收再利用。装配式施工使现场湿作业极大减少，商用混凝土、水等资源浪费减少，施工扬尘和施工噪声得到有效控制。同时项目外墙、阳台整体预制，外墙免抹灰，降低了外饰面空鼓、脱落、渗漏的风险，同时也减少了材料及人工（图 6-5）。

图 6-4　PC 工厂生产

图 6-5　现场机械化施工

一体化装修：项目采用装配式全装修。与传统建筑项目不同，项目的室内装修设计在建筑设计的初期已同步一体化进行，包括家具摆放、装饰装修做法等。通过装修效果定位各机电设备末端的点位，然后精确反推机电管线路径、建筑结构孔洞预留及管线预埋，确保建筑、结构、机电、装修一次成型，实现了建筑、结构、机电、装修一体化协同作业，加快了施工速度的同时，避免了大量的湿作业，减少二次装修带来的资源浪费和建筑垃圾（图 6-6）。

图 6-6　一体化装修

管理信息化：项目以 BIM 等信息化为核心，在全过程信息贯通、建造过程信息全追溯和面对业主的可视化交付上，进行了系列技术研发和创新实践。

创新研发了具有自主知识产权的“装配式智能建造平台”，实现了设计、采购、生产、施工、运维全过程的全方位、交互式信息传递，创新采用“三全”BIM 协同，使全专业、全过程、全参与在同一个建造平台上作业，即在建造平台上设计和修改图纸、编制计划和控制生产，管控进度和质量，以信息化手段保障了设计、生产加工和施工一体化建造（图 6-7）。

通过二维码技术实现了对预制构件设计、生产、装配、验收全过程的信息自动化录入，全过程的质量、安全、进度等信息均有据可查，避免了出现质量问题时相互推诿。该二维码技术可以在电脑端输入构件的设计信息，包括设计几何信息、非几何信息、设计人员信息、审核信息、交付工厂信息等，而在生产阶段可以通过 APP 输入生

图 6-7　装配式建筑智能建造平台工作界面

产原材料进场信息、质检信息、生产过程质量信息等，在现场可以APP 在线输入进场检验、吊装人员、安装验收等各种信息，最后所有信息均关联到交付业主存档的 BIM 模型，实现了信息的全过程可追溯，便于调阅查看。

通过 VR、网页可视化等技术实现了面对大小业主的可视化交付。业主可以在平台中通过网页提前感受建筑建成后的视觉效果，提高业主参与度和后续使用满意度（图 6-8）。

图 6-8　可视化 VR 虚拟幸福空间

项目在建筑活动绿色化方面主要是推广绿色施工技术，包括可周转铝模、工地环境智能化监测技术等。

项目所有现场现浇作业均采用可多次使用的周转铝模，取消了传统的木模板。采用标准化尺寸的铝模设计，通过现场模块化拼装的方式实现模板作业，同时注意施工过程中对铝模安装、拆除的保护，提高铝模周转次数。铝模完成施工后，对损坏的铝模集中回收，整个项目铝模回收再利用达到 90% 以上，相比较传统木模板，资源消耗极大减少。

项目作为深圳市住房和建设局智慧工地建设试点项目，在项目现场建成了绿色工地自动监测系统，通过各种物联网传感器采集风速、温度、湿度、PM_{10}、$PM_{2.5}$ 等各种环境参数，并通过信息化系统实现在线数据采集、传输和报警处理，极大加强了项目建设过程中对环境影响的控制。现场可以依据环境参数调整项目施工安排，风速自动监测可以在台风登陆期随时监测工地现场的风速状况，即时做好各种应急处理安排；同时，对扬尘参数的即时监测，可以指导工地现场合理选择降尘方法、安排降尘时间等。

幸福家园在工程建设过程中，管理成果主要体现为“好”“省”“快”。管理成果“质量好”：预制构件装配施工，节点铝模现浇，整体施工精度高，免抹灰、防渗漏、免剔凿，获得深圳市质量奖；管理成果“成本省”：工程总承包管理模式下，节省了采购成本、劳动力成本，杜绝变更成本、资源投入成本。据统计，与传统模式相比，项目建筑垃圾减少 80%，用工节省 30%，节水 60%，节材 20%，节能 20%，脚手架、支撑架减少 70%，安装控制误差均小于 4 毫米；建设“速度快”：工程进度完全符合合同工期要求，避免了常规的工期拖延情况。项目取得了丰硕的技术研发和管理创新成果，工程质量也获得各方认可。

幸福家园的实践证明，绿色建造具有良好的优越性，可以极大地减少建造过程中的资源、能源浪费，减少建筑垃圾，避免现场扬尘噪声，适合我国建筑业转型发展，值得大力实践与推广。

6.2 绿色建筑：深圳建科院办公大楼

绿色建筑作为绿色城市中最有活力的细胞单元，从人性关怀、资源节约、环境友好的角度，思考人类的建设活动，使建筑能在与自然和谐共生的前提下持续发展，在建筑最长的使用期内减少人类活动对能源资源的消耗。

深圳建科院办公大楼（以下简称建科大楼）是深圳市建筑科学研究院股份有限公司（以下简称深圳建科院）科研办公楼，围绕“以人为本”这一核心理念，探索夏热冬暖地区以低成本和软技术为主的平民化绿色建筑集成技术体系，以实现全生命期内“人–建筑–环境”的和谐共生。

图 6-9 建科大楼外观
图片来源：深圳建科院

项目位于深圳市福田区北部梅林片区，总建筑面积 1.82 万平方米，地上 12 层，地下 2 层，建筑功能包括实验、研发、办公、学术交流、休闲、生活辅助设施及地下停车等。建筑设计采用功能立体叠加的方式，将各功能块根据性质、空间需求和流线组织，分别安排在不同的竖向空间体块中，附以针对不同需求的建筑外围护构造，从而形成由内而外自然生成的独特建筑形态（图 6-9）。

项目 2009 年正式投入使用，近 10 年的运营时间内不仅实现了全年空调使用时间减少 30%，全年照明能耗和用水量仅为同类办公楼的 27% 和 43%，同时拥有 1/3 以上的绿视率和全频谱日光。大楼内提供大量的公共空间，办公室外的公共平台成为使用效率最高的场所，植物在此尽情生长，也吸引了蝴蝶、蜜蜂、小鸟在此驻足，形成了一个有生命的微自然世界。大楼随处是小花园，工作不再是疲惫、劳累的代名词，在宜人的空间里，有健康的身体，有愉悦的心情，有工作的激情和效率。没有围墙的办公楼，也与周围居民形成了亲密关系，楼下的树荫成了他们乘凉的去处（图 6-10）。

图 6-10　建科大楼空中花园
图片来源：深圳建科院

场域共享。项目用地面积 3000m²，容积率达到 4.0，为典型的较高密度城市建设开发模式。没有设围墙和大门，通过与城市公共空间融合的建筑形态和开放的展示流线，以积极的态度向每一个前来的市民展示绿色、生态、节能技术应用和实时运行情况，以更直观、“可触摸”的方式普及宣传绿色建筑，使绿色、生态、可持续发展理念和绿色生活方式深入人心。

自然共享。深圳是一个缺水城市，建科大楼采用雨水回收、中水回用、人工湿地、场地回渗涵养等措施，以积极的态度实现系统化节水技术的综合运用。

首层架空绿化结合人工湿地系统，作为中水处理系统的一部分，与周边水景和园林景观相协调。屋面雨水经轻质种植土和植物根系自然过滤后，由场地透水构造层多孔管收集，汇合后流至地下生态雨水回收池，用于室外景观绿化浇洒（图 6-11）。

透水构造设计场地必需的硬质铺装部分（如消防通道）采用新

图 6-11　屋面雨水收集及绿化系统
图片来源：深圳建科院

型高透水构造设计，充分涵养地下水资源，对雨水进行有效回渗和收集，减少地面雨水径流。

室内污水污、废合流，经化粪池处理后排入人工湿地前处理池，处理后提升至人工湿地。经人工湿地处理后的水达到中水回用水水质标准，可回用于大楼各卫生间冲厕及屋顶花园绿化浇洒。内部用水自循环系统的形成，大大降低了对市政给水排水的压力。

深圳属亚热带海洋性气候，长夏短冬，气候温和，年平均气温为 22.5℃，最高气温为 38.7℃。深圳的自然通风条件优越，年平均风速为每秒 2.7m，年主导风向为东南风，自然通风对建筑节能的贡献很大。现场测试显示，由于受山地和周围建筑的影响，项目所在地夏季主导风向为东南偏南风，冬季主导风向为东北偏北风。针对这种条件，经优化后采用了“凹”字形平面，为室内自然通风创造了良好条件，经初步测算，自然通风节能贡献率超过 10%。

采用“凹”字形平面布局，使建筑进深控制在合适的尺度，提高了室内可利用自然采光区域比例，通过对多种可能的窗墙比组合进行模拟计算分析，并结合竖向功能分区，确定建筑外围护构造选型。在人员较少或对人工照明依赖度较高的低层部分（展厅和实验室），设计不同规格的条形深凹窗，自由灵活地选择不同的开窗面积。人员密集的办公区域则采用能充分利用自然光的水平带窗设计，结合外置遮阳反光板和隔热构造窗间铝板幕墙，在窗墙比、自然采光、隔热防晒间找到最佳平衡点。相对传统方案，20% 的室内面积采光得到改善，办公区域白天基本不用开灯。室内环境充分体现人性化设计。大楼在每层下风向的西北角设有专用吸烟区，也是建筑北座在西面的一个热缓冲层。为满足研究和能耗审计的需要，对墙体内表面温度、房间温度、湿度进行长期监控，同时对二氧化碳含量进行长期监控与预测并定期监测噪声等级；建筑采用中悬外窗，强化自然通风。内部功能房间装修时采用低挥发性有机物与低甲醛的涂料和粘结剂，使用不含甲醛的复合木质材料；办公区中的复印机、打印机集中设置，并设置排风措施。

更新成长。这是一座有生命、会呼吸的建筑，获国家绿色建筑创新奖一等奖、世界绿色建筑委员会颁发的 2014 年亚太地区绿色建筑先锋奖等数十个奖项，并被中国中央电视台（China Central Television，简称 CCTV）、英国广播公司（British Broadcasting Corporation，简称 BBC）、美国采暖、制冷与空调工程师学会（American Society of Heating, Refrigerating and Air-Conditioning Engineers，简称 ASHRAE）期刊及美国《商业周刊》等媒体争相报道（图 6-12）。

图 6-12　不断成长的建科大楼

图片来源：深圳建科院

近两年，建科大楼还引入了“行学苑”儿童健康研究中心、福田区绿色低碳主题图书馆、王佑贵音乐工作室等社会机构，探索非独立用地情况下如何建造共享模式的公共文化教育场所。如“行学苑”场地利用原有建科大楼（科研办公楼）三楼南区（建筑面积 674m^2）和大楼共享功能区进行改造建设，充分考虑儿童安全问题，专门配备 2 套专属的儿童消防楼梯，改造并通过了儿童活动场所的消防验收。

室内改造采用了深圳建科院的“室内污染物预评价”技术体系和控制系统，改造后投入运行的室内环境达到了欧盟儿童标准，并且每个活动区域均安置设备，实时监测教学使用全过程中的室内环境变化。

建科大楼一楼、六楼户外活动空间成为“行学苑”共享活动空间，较好地增加了儿童活动场所的丰富性和多样性，同时，地下一层的图书馆、王佑贵音乐工作室拓展了“行学苑”的阅读、音乐学习空间;“行学苑”儿童还可以经常在大楼办公楼层里举办义卖、参与企业管理活动等，丰富了自身的社会体验; 深圳建科院的各专业技术人员和来访专家学者都可以成为“行学苑”的兼职专业教师，每周到“行学苑”上主题课程，扩大了儿童的知识面和视野。“行学苑”作为与社区紧密结合的新型幼儿园，进行了一次教育尝试，丰富的社区资源弥补了象牙塔式教育的不足（图 6-13）。

图 6-13 “行学苑”照片

图片来源：深圳建科院

随着建筑工业化、信息化等新技术的不断发展，未来绿色建筑将具有更大的健康和生产效力。这幢建筑的建设及运营会让更多的人了解什么样的建筑是好的建筑，并能在整个社会推而广之，让所有的建筑都成为“呼吸着的生命体”。

6.3 绿色生态城区：中新天津生态城

中新天津生态城（以下简称生态城）位于天津滨海新区，距离天津市中心区 45km，占地面积 30km^2，规划人口 35 万人，是中国和新加坡两国政府应对全球气候变化、节约资源能源、加强环境保护、建设和谐社会的重要合作项目，其建设目标为实现“人与人和谐共存、人与经济活动和谐共存、人与环境和谐共存”，成为“能实行、能推广、能复制”的未来城市建设样板。为此，生态城着眼于建立“绿色城市”的需要，积极适应全球气候变化，认真研究生态经济、生态人居、生态文化和生态环境的理念和方法，努力构建新型的资源利用体系和生态产业体系，探索城市可持续发展建设的新模式。生态城制定了 26 项指标，包括百万美元 GDP 碳排放强度低于 150 吨、绿色建筑比例达到 100%、可再生能源利用率达到 20%、区内绿色出行比例达到 90%、垃圾回收率达到 60%、绿化覆盖率达到 50% 等（图 6-14）。

图 6-14　中新天津生态城现状图
图片来源：中新天津生态城建设局

生态城以低碳城市为目标，明确了建设方向。生态城在对土地、水资源条件评价的基础上，综合分析不同规模城市、经济发展水平及其碳排放量与生态环境承载能力的关系，确定生态城常住人口控制在

35 万人以下，使人类足迹最小化。同时充分尊重现状自然本底条件，对生态城内的自然湿地实施严格保护，加强水体治理和生态修复，确保净损失为零。结合盐碱土地改良，加大绿化建设。因地制宜地推广阳台、屋顶、墙面等垂直绿化，多渠道拓展城市绿化空间，绿化覆盖率达到 50%。规划绿地系统建成后，除具有城市景观、休憩娱乐以及隔声降噪等功能外，还通过湿地保护、生态绿化等措施保护自然碳库，提升城市碳汇潜力，减少大气中的温室气体，降低城市热岛效应。每年可产生氧气 9886 吨，吸收二氧化碳 2.6 万吨，吸收二氧化硫 48 吨。科学合理的城市空间布局和城市规模，确定了生态城低碳发展的基本框架。

构建绿色产业结构。生态城自身建设给生态环保技术和产品带来了强劲的市场需求，为产业发展提供了有利条件。生态城将生态环保产业作为主导发展方向，建设具有活力和持续发展能力的产业体系，形成以科技创新为引领，低投入、高产出、低消耗、少排放、能循环、可持续的低碳型经济结构和产业结构。

实施绿色建筑标准。生态城制定了生态城绿色建筑的设计标准、施工标准、评价标准以及相关的扶持政策，绿色建筑比例达到了 100% 全覆盖。鼓励节能环保型新技术、新材料、新工艺、新设备在生态城的应用，不断优化建筑设计，鼓励光电、光热技术与建筑的一体化应用，积极探索绿色建筑的标准化设计和产业化生产模式，建设节能省地型住宅。

优化能源利用结构。生态城内全部使用清洁能源，清洁生产，单位 GDP 的碳排放强度低于 150 吨 / 百万美元；重点发展太阳能、地热能和风能等可再生能源，可再生能源利用率不低于 20%。大力发展太阳能光热系统，太阳能热水供热量占生活热水总供热量的比例不低于 80%；选择适用的先进技术，推进太阳能发电，鼓励采用风电一体化和风光互补技术，探索可再生能源并网运营模式。加强余热及浅层地热的回收利用，积极采用热泵、热电冷三联供技术，太阳能、风能、地热能等耦合技术，提高能源利用效率，加强能源的梯级利用、综合利用。结合机制体制创新，形成可再生能源与常规清洁能源相互衔接、相互补充的能源供应模式。到 2020 年，生态城人均能耗将比国内城市人均水平低 20% 以上。

施工过程的全方位绿色化。颁布《中新天津生态城绿色施工技术管理规程》，要求所有工程施工项目落实环境保护与资源节约目标，并满足职业健康和信息化管理的要求。同时，积极探索装配式建造方式，如中加低碳示范区住宅项目采用装配式木结构，国家海洋博物馆采用装配式钢结构，万科锦庐项目采用装配式混凝土结构建造。此外，北部片区综合管廊项目探索了全过程应用 BIM 的智慧建造模式。

建立健全城市监管体系。生态城完善了法律和政策体系，将生态城建设纳入法治轨道。把资源和环境成本纳入 GDP 核算体系，严格执行环境影响评价制度，启动数字城市建设，形成实时、连续、准确的监测系统，对经济运行、能源消耗、生态环境质量等各类指标数据进行测定，建立信息公开制度、社会监督制度和公众参与机制，通过事前评估、事中控制、事后审核，对各类建设项目进行全过程监管，为城市的科学发展提供机制保证。

中新天津生态城自 2008 年 9 月开工建设以来，在规划设计、产业促进、生态建设、环境治理、资源节约、科技研发、社会发展等方面取得明显成效。获得了“国家绿色发展示范区”“国家绿色生态城区”等称号，具备可复制、可推广的价值，体现了在资源约束条件下生态文明建设的示范意义。生态城绿色、生态、宜居的环境也得到了周边居民的认可，目前，已有超过 10 万居民定居在生态城，选择了绿色、生态的生活模式。

6.4 绿色产业链：常州市武进绿色建筑产业集聚示范区

武进绿色建筑产业集聚示范区位于武进中心城区西南部、西太湖东岸线，总面积约 15.6km^2，在园区发展过程中，武进努力做好示范引领和产业集聚，从建筑变绿到城市变绿，走出了一条先行先试的常州路径，2011 年获得住房和城乡建设部“绿色建筑产业集聚示范区”称号。建成了国内首座绿色建筑主题公园“江苏省绿色建筑博览园”、全省首个以绿色建筑产业技术研发为主的“江苏省绿色建筑产业技术研究院”，获得了全国首批装配式建筑示范城市、江苏省首批绿色建筑示范城市、江苏省首批建筑产业现代化示范城市、江苏省首批海绵城市示范城市、江苏省生产性服务业集聚示范区等荣誉（图 6-15）。

图 6-15 武进绿色建筑产业集聚示范区规划图

图片来源：住房和城乡建设部科技与产业化发展中心

武进努力打造的绿色建筑产业集聚区、建筑科技集成创新区、绿色生活推广示范区、低碳技术国际合作区，实现了从绿色原料、绿色生产到绿色产品，从绿色运输、绿色建造、绿色应用到绿色回收全生命期的绿色建筑产业链，带动了建筑的产品研发、绿色建材、建筑部品到建筑产品整个过程的产业化，基本涵盖包括绿色建筑建材研发、生产、应用、推广、金融等在内的“全产业链”。

武进区以“特色发展、先行先试、双轮驱动、引领辐射”的发展思路，形成“一核六园”的绿色建筑产业发展格局，核心区 3km^2 定位于打造“建筑科技集成创新港”，强化设计、研发、总部、展示等功能，“六园”分别为建筑工业化产业园、绿色建材产业园、绿色机电产业园、建筑新能源产业园、资源循环利用产业园、园林绿化产业园，基本完成了从绿色策划、设计、施工到运营的动脉产业链整合和建筑资源节约、回收、再利用的静脉产业链延伸布局，形成全区发展绿建产业、全域推广绿建技术的局面，涌现了一批在市场占有率、科技创新等方面全国领先的绿色建筑产业龙头企业。截至 2018 年底，“一核六园”已集聚绿色建筑相关产业的企业达 400 余家，总产值达 720 亿元（图 6-16）。

图 6-16　武进绿建区核心区

图片来源：住房和城乡建设部科技与产业化发展中心

绿建区核心区：“重点发展以绿色科技为核心、以绿色金融和绿色商贸为补充的绿色科技产业体系”，其中，绿色科技产业即绿色建材、节能环保、智能科技、科技服务产业；绿色支撑产业即绿色金融、文化商贸产业。目前核心区基本完成涵盖研发、设计、检测、商贸、金融、管理等建筑科技服务“全产业链”的整合，成为国内领先的建筑科技集成创新港（图 6-17）。

建筑工业化产业园：形成了以预制混凝土装配式建筑和钢结构装配式建筑为主的建筑产业现代化结构体系，提供混凝土预制构件、钢结构件、各种结构体系的整体房屋、智慧建筑的配套服务等。目前已集聚 20 余家建筑工业化企业（图 6-18）。

图 6-17　武进绿建区建筑工业化产业园
图片来源：住房和城乡建设部科技与产业化发展中心

图 6-18　武进绿建区绿色建材产业园
图片来源：住房和城乡建设部科技与产业化发展中心

绿色建材产业园：依托绿色建材行业龙头骨干企业，带动民营中小建材企业，重点发展绿色、环保建材，初显建材产业集群雏形。同时园区企业注重产品产业的应用领域延伸，不断挖掘绿色建材的潜在市场需求，寻求产品的最大绿色效益（图 6-19）。

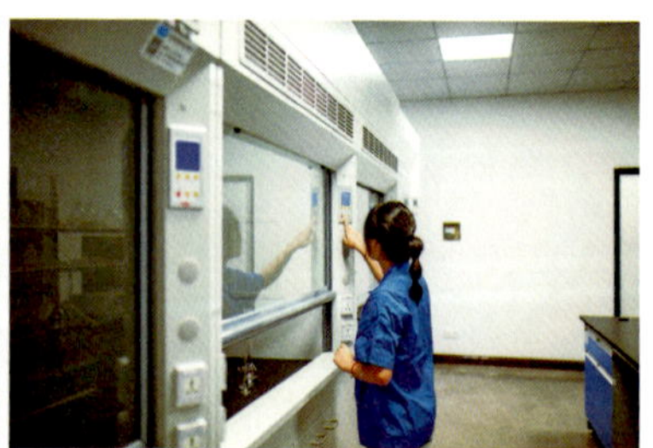

图 6-19　武进绿建区绿色机电产业园
图片来源：住房和城乡建设部科技与产业化发展中心

绿色机电产业园：依托绿色机电设备龙头企业，重点打造暖通空调、节能照明、电机设备等产业，从体量和规模上看已初具成效，目前已集聚绿色机电相关企业 50 余家（图 6-20）。

图 6-20　武进绿建区新能源产业园
图片来源：住房和城乡建设部科技与产业化发展中心

建筑新能源产业园：以光伏产业为主，目前集聚新能源相关企业 20 余家，年产值 72.7 亿元，其中 7 家被认定为高新技术企业，1 家上市企业。全产业规模巨大、集聚效应明显。

资源循环利用产业园：主要用于建筑垃圾及电子废弃物等的无害化处置与资源化利用研究。建成国内第一条自动化、规模化处理建筑（混合）垃圾的生产线，采用了全球领先的人工智能（Artificial Intelligence，简称 AI）分拣技术，可将成分极其复杂的装修垃圾进行自动分类，并进行循环利用和无害化处置。目前，生产线年处理建筑装修垃圾综合转化利用率达 95% 以上（图 6-21）。

图 6-21　武进绿建区资源循环利用产业园
图片来源：住房和城乡建设部科技与产业化发展中心

园林绿化产业园：重点发展建筑绿化及园林工程产业，目前已集聚绿洲园林、八达园林等园林绿化相关企业 30 余家（图 6-22）。

图 6-22　武进绿建区园林绿化产业园
图片来源：住房和城乡建设部科技与产业化发展中心

绿建区紧扣高质量绿色发展的主题，以推动建设低碳、健康、智慧的绿色城市，对推动建筑业的绿色发展、转型升级具有积极意义。

一体化统筹产业链条，为建筑业高质量发展提供有益示范。绿建核心区将打造为绿色建筑、装配式建筑和海绵城市的精美展示区，区内支持发展高星级绿色建筑，提高新建建筑能效水平，实施既有建筑节能改造，推广新型绿色建材，开展被动式超低能耗、绿色农房建筑探索，着力打造一批舒适实用的绿色、智慧、健康建筑，串起武进绿建推广的产业链条。

创新可持续发展模式，为建筑业高质量发展打造核心引擎。绿建区通过引进优质项目、优质企业和先进技术，建立以市场为导向、产学研相结合的技术创新体系，实现产业结构的转型升级、产业链的循环，对资源的充分利用、生态环境的改善具有重要意义。

优化校企合作模式，为建筑业高质量发展创造人才保障。绿建区推进建筑业“产学研”合作发展。引导企业通过战略合作、校企合作、技术转让、技术参股等方式，加快建立以市场为导向、产学研相结合的技术创新体系，打造有效助推建筑业转型升级的“产学研”合作平台。

6.5 企业绿色建造行动：日本建设企业的环境责任报告

根据1997年《京都议定书》，为实现低碳减排目标，针对建筑业资源量消耗大、建筑垃圾处理困难以及生产加工运输中二氧化碳排放量大等严重影响环境的突出问题，日本国土交通省等政府部门对建筑企业提出了资源节约再利用、绿色施工及环境管理等具体要求。日本鹿岛建设株式会社、熊谷组和大林组等建筑企业积极响应，采取“自上而下”的方式落实。各企业集团总部进行目标控制，分公司进一步响应，在建设项目中具体落实绿色施工要求，经过20多年的发展，企业已经形成了较为完善的绿色施工体系。日本建筑企业充分采用ISO14000认证体系，针对企业的资源消耗、二氧化碳排放、建筑垃圾再利用等都制订了详细的计算方法，形成了包括低碳排放、资源循环、自然和谐及推广宣传方面的环境管理体系，提出了展望2050年全面实现零碳排放、零废排放、零环境（Zero2050）影响的企业目标。

以鹿岛建设株式会社（以下简称鹿岛建设）为例，该企业以保护环境为企业责任，以推动实现环境保护与经济发展相融合的可持续发展社会为发展目标，通过确立有效的环境管理体系，把自身的经营活动对环境影响降至最低，通过建造安全耐久的长寿化建筑产品，为实现低碳社会、资源循环、自然和谐的可持续发展社会贡献企业力量。为此，鹿岛建设推进环境保护与可持续利用技术的开发利用，制定发布绿色施工生产活动中有害物排放的管理及预防措施，定期发布企业年度环境责任报告等相关资料，推动可持续社会的发展。

根据2015年《巴黎协定》，为实现2050年发达国家消减80%的温室气体排放量以及2016年确定的日本低碳减排目标，鹿岛建设2018年5月重新修订了鹿岛Zero2050目标值。展望2030年，全公司温室气体总排放量将是2013年的70%，其中施工现场温室气体排放量是2013

年的70%，新建建筑运行阶段的二氧化碳排放量是国家节能标准值的70%，大力推广近零或零能耗建筑；建筑垃圾最终零排放量，包括钢材、水泥、混凝土、碎石、沥青在内的主要建材再生利用率达到60%以上；推动生物多样性项目开展，采取针对土壤污染、石棉等有害物预防措施及化学污染物管理措施。展望2050年，全公司温室气体排放量将是2013年度的20%，实现零排放；以建筑垃圾零排放为目标，采用再生材料，建造长寿命建筑，实现建筑业垃圾零排放；采取措施减少建筑业对自然生态环境产生的破坏和影响，通过推动生物多样性等创新活动，实现建筑业领域的零环境影响目标（图6-23）。

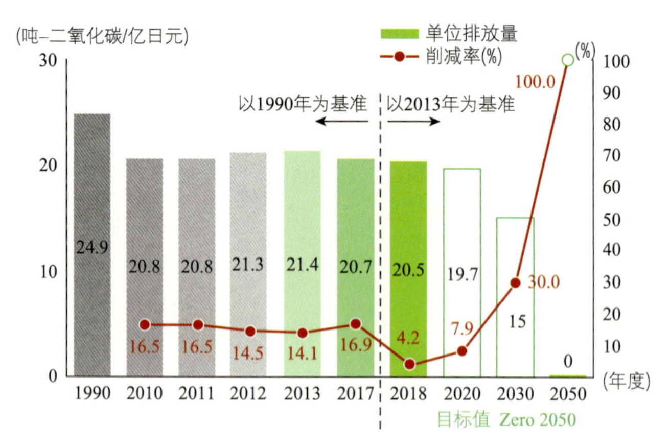

图6-23　鹿岛建设逐年二氧化碳标准单位排放量

鹿岛建设以ISO14001认证体系为标准，制订实施环境管理体系。成立以社长担任委员长的公司环境委员会，在该委员会的领导下，通过统筹土木、建筑、环境工程、施工建设、研究开发五个部门，推进开展相关工作；针对有关环境影响的跨部门课题，设置了环境管理、施工环境、绿色运输、生物多样性四个部门委员会，开展相关工作。针对日本国内鹿岛建设集团下属公司，把对环境负荷影响大的施工类公司纳入为管理对象。

根据2015—2017年三年的环境责任年报公布数据（表6-1），企业基本实现了在低碳排放、资源环境、自然和谐三个领域的全面环境管理目标。在低碳排放领域，2017年二氧化碳排放量的消减率为1990年的16.9%，运营阶段二氧化碳排放量的消减率实现了公司规定的20%目标值。资源环境领域，减少施工污泥及推进污泥再利用，2017年最终垃圾排放量分别为2.08%（不包括污泥）、2.42%（包括污泥）。自然和谐领域，推进开展生物多样性优良开发项目6项，积极进行相关宣传及推广。

2015—2017年的环境责任数据 表6-1

		3年目标值（2015~2017年）	实际值	评价
低碳排放	施工	施工时的二氧化碳标准单位排放量比1990年减少17%（考虑电力标准单位发电量的因素）	减少16.9%	○
	设计	以2015年开始正式实施的修订节能标准为基准，提高相应设计标准运营阶段二氧化碳排放，实现公司节能标准目标值（减少20%）	2015年：减少25.5% 2016年：减少29.2% 2017年：减少20.7%	○
资源循环	施工	最终建筑垃圾排放量少于3% 减少施工污泥，促进有效利用	最终排放量2.08%（不含污泥）2.42%（含污泥）	○
	设计	调整绿色设计方案，从重点的17个项目中提出4个以上的种类	4.8项	○
自然和谐		推进生物多样性优良开发计划项目6个/年以上	6个优良项目	○
		推进媒体宣传、教育推广、普及活动	HP［活力街道］通讯栏目［鹿岛少儿团体］等	○
推广平台		推进环境保护和可持续利用技术的研究开发，部门的成果推广应用数量3年内达到6例以上	成果推广：3年6例	○
		管理有害物质，采取预防措施（特别是受污染的土壤、石棉）	有害物事故为零 法律手续不完备废弃物排放事件3件	×
		制定化学物质管理措施	工程项目采取化学物质管理措施	○

三年期间发生了三件法律手续不完备的废弃物排放事件。为此，集中所有分公司环境工作负责人学习并培训相关法律业务，采取了强化现场工作支持体制的措施，以防止类似事件再发生。2017 年用电量分别为施工现场 10831 万千瓦 · 时和办公室 2622 万千瓦 · 时，二氧化碳排放量分别为施工现场 27.4 万吨和办公室 1.4 万吨，施工产生废弃物 198.8 万吨，最终建筑垃圾排放量为 4.8 万吨（表 6-2）。

2017 年度资源利用　　表 6-2

<table>
<tr><th colspan="3">资源输入</th><th colspan="2">资源输出</th></tr>
<tr><td rowspan="5">施工现场</td><td>电力</td><td>10831 万千瓦 · 时</td><td>二氧化碳排放量</td><td>27.4 万吨</td></tr>
<tr><td>汽油</td><td>7234kL</td><td>施工土方</td><td>83.7 万立方米</td></tr>
<tr><td>煤油</td><td>3823kL</td><td>有毒物质回收量
1. 含石棉的建筑材料
2. 氟利昂类冷媒
3. 荧光灯管（水银）</td><td>
17490.1 吨
2.9 吨
41.8 吨</td></tr>
<tr><td>水</td><td>86.5 万立方米</td><td>建筑垃圾</td><td>198.8 万吨</td></tr>
<tr><td>主要建筑材料</td><td>223.3 万吨</td><td>最终排放量</td><td>4.8 万吨</td></tr>
<tr><td rowspan="6">办公室</td><td>电力</td><td>2622 万千瓦 · 时</td><td rowspan="3">二氧化碳排放量</td><td rowspan="3">1.4 万吨</td></tr>
<tr><td>汽油</td><td>12kL</td></tr>
<tr><td>煤油</td><td>0kL</td></tr>
<tr><td>天然气</td><td>17.2 万立方米</td><td rowspan="3">垃圾排放量</td><td rowspan="3">1942.4 吨</td></tr>
<tr><td>供热、蒸汽、空调</td><td>15077GJ</td></tr>
<tr><td>水</td><td>14.8 万立方米</td></tr>
</table>

2018 年度开始的新三年规划调整低碳排放目标值，以 2013 年度低碳排放为基准，2018 年、2020 年度低碳排放目标值分别消减 4%、8%。资源环境领域，推进污泥再利用，包括污泥在内的最终垃圾排放量不大于 3%。自然和谐领域，采取绿色设计方案项目 4 项，推动开展生物多样性优良开发项目 4 项，施工阶段采取有害物、污染水管理措施。为全面实现 Zero2050 目标，推进相关课题研究开发及技术服务。环境领域重点项目采用环境管理系统。为解决公司与客户的经营

业务涉及的环境及能源问题，在施工现场积极进行环境管理，并向客户提交相关环境管理方案，开展相关技术研发（表 6-3）。

2018—2020 年的三年规划目标值　　表 6-3

		3年目标值（2018—2020年）	2018 年目标值
低碳排放	施工	二氧化碳标准单位排放量比 2013 年减少 8%	二氧化碳排放基本单位与 2013 年相比减少 4%
	设计	在确保遵守“建筑节能法”的前提条件下，推动品质、设计、施工、安全与环境的协调	推进与“建筑节能法”协调一致的行动计划
		培育二氧化碳减少的领跑者	推进积极采用建筑能效标识体系（Building Energy-efficiency Labeling System，简称 BELS）等认证； 实现公司内部节能目标值
资源循环	施工	含污泥的最终建筑垃圾排放量少于 3%	含污泥的最终建筑垃圾排放量少于 3%
	设计	推动绿色设计方案实施 推进长寿化建筑	4 件以上项目的提案，最终落实施工设计图； 根据公司评价体系，评价值为 3.6 以上
自然和谐		推进生物多样性优良开发项目，控制施工阶段的环境影响（特别是有害物质、污染水等的管理）	推进优良开发项目 6 个以上 / 年 控制施工阶段的环境影响（特别是有害物质、污染水等的管理）
推广平台		推进支撑全面实现 Zero2050 的研究开发、技术及服务	推进支撑全面实现 Zero2050 的研究开发、技术及服务

为实现低碳排放、资源环境、自然和谐三个领域的全面环境管理目标，制定了推进施工现场的二氧化碳减排具体实施措施。鹿岛建设二氧化碳排放量的 90% 为施工现场排放，施工现场的能源消耗量中，30% 为电力消耗，70% 为重型机械使用的汽油。到目前为止，施工现场采取了节能以及节约燃料运行费等措施，制定了 2018 年度的能源消耗量目标，并积极采取相关节能措施。在新三年规划期间，全面管

理所有施工现场的电力以及汽油等能源实际消耗量，推进施工现场的二氧化碳减排。鹿岛建设不仅仅把采取措施消减施工现场的二氧化碳排放作为企业责任，也积极主动采取措施，降低建筑业产业链中生产制造及废弃建材处理环节对环境的影响（图 6-24）。

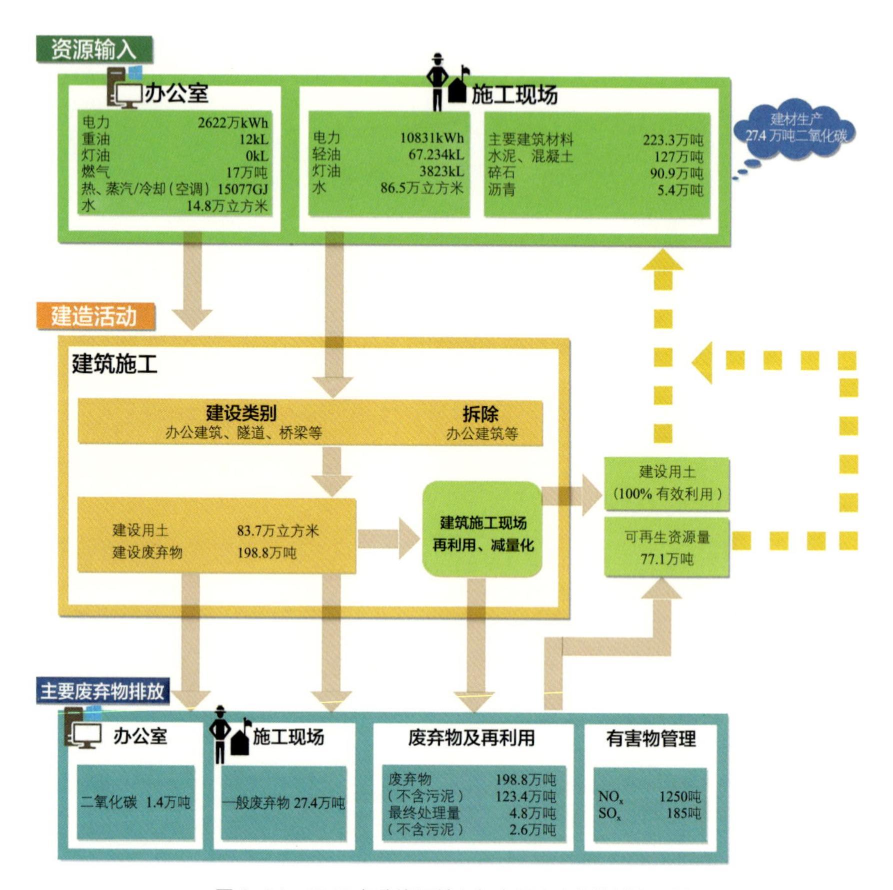

图 6-24　2018 年度资源输入与主要废弃物排放流程图

在施工现场，抽检不合格的混凝土，以及不可预见因素造成返厂的 1%～2%（全日本一年为 400 万吨）商用混凝土不能用于建筑施工。这些混凝土大部分不被再利用而直接废弃，因此为降低环境负荷，不合格混凝土的减量及再生利用已经成为一个需要解决的重要问题。东京都附近首都圈内的部分地区，目前已有部分企业有偿回收再利用此类不合格混凝土。

鹿岛建设等产学研单位共同承担日本环境省环境研究综合推进专项研究课题，开发了利用不合格混凝土的再生水泥，以及以此为原料的超低碳排放再生混凝土。再生水泥是将不合格混凝土的沉淀物经脱水处理后作为原材料，再经分级、干燥、粉碎处理后生产制造的产品，其生产制造时的二氧化碳排放量是一般普通水泥排放量的 1/8 左右，寿命是普通水泥的 1.5 倍。

目前神奈川县建设中的藤泽公民馆 · 劳动会馆采用了 6000m^3 超低碳排放再生混凝土，施工用水泥的 20% 采用了再生水泥。该公共建筑设施 2019 年 2 月竣工，建筑面积 7948m^2，为地上 5 层地下 1 层的钢筋混凝土建筑。施工期间，返厂的不合格混凝土减少 600 吨，混凝土生产过程中二氧化碳排放量比常规混凝土少 480 吨。

参考文献

[1] 习近平．推动我国生态文明建设迈上新台阶 [J]．求是，2019（3）：4-19．

[2] 叶明．发展新型建造方式，助力新旧动能转换 [J]．建筑，2019（2）：24-25．

[3] 孙继德，傅家雯，刘姝宏．工程总承包和全过程工程咨询的结合探讨 [J]．建筑经济，2018（12）：5-9．

[4] 岑岩．加快推进工程总承包机制，发挥装配式建造综合优势 [J]．住宅产业，2016（10）：24-27．

[5] 肖绪文，冯大阔．基于绿色建造的施工现场装配化思考 [J]．施工技术，2016（4）：1-4．

[6] 蒋寒迪．加快转变经济发展方式——中部各省发展路径比较及对江西的启示 [J]．中国井冈山干部学院学报，2011（1）：112-118．

[7] 肖绪文．绿色建造发展现状及发展战略 [J]．施工技术，2018（6）：1-4．

[8] 肖绪文，冯大阔．北欧绿色建造考察见闻及借鉴意义 [J]．施工技术，2015（10）：1-5．

[9] 曹军．全球化背景下制造业的发展趋势及我们的对策 [J]．天津经济，2011（12）：32-36．

[10] 赵霄龙，张仁瑜．建筑节材，功在当代，利在千秋 [J]．住宅产业，2006（6）：55-58．

[11] 中国建筑业协会绿色施工分会等．基于绿色建造的施工技术研究 [R]．北京：中国建筑业协会绿色施工分会，2016．

[12] 安平．公路工程绿色施工 [C]//2012 年 9 月建筑科技与管理学术交流会论文集．北京：建筑科技与管理组委会，2012：208-209．

[13] 吕俐. 建筑节能与绿色建筑发展蓝图绘就：到2020年，城镇新建建筑中绿色建筑超过50%[J]. 中国勘察设计，2017（4）：12.

[14] 林琳. 建设低碳社会背景下城市住宅节能研究[J]. 开放导报，2011（1）：40-43.

[15] 王春华. 如何选用绿色建材之我见[J]. 上海建材，2012（1）：34-36.

[16] 苗会敏，王少党. 绿色环保建材综述[J]. 河南科技，2012（7）：42.

[17] 于巧稚. 同济大学程大章：绿色建筑的运营管理[J]. 中国建设信息，2013（8）：22-26.

[18] 周莹莹，关帅. 装配式建筑特点及优势分析[J]. 建材与装饰，2017（20）：109.

[19] 叶浩文. 全面推进工程总承包机制的思考与建议[J]. 住宅产业，2016（10）：28-30.

[20] 叶浩文. 加快推进工程总承包机制，发挥装配式建造综合优势[J]. 建筑，2016（20）：12-14.

[21] 肖爱兵. 政府投资工程集中建设的无锡实践[J]. 现代经济信息，2012（3）：347.

[22] 谢晓鹏. 建筑产业化发展模式创新研究[J]. 现代商贸工业，2018，39（22）：14-15.

[23] 苏珊. 寒冷地区近零能耗办公建筑设计策略研究[D]. 天津：河北工业大学，2017.

[24] 清华大学建筑节能研究中心. 中国建筑节能年度发展研究报告2018[R]. 北京：中国建筑工业出版社，2018.

[25] 沈宓，史敬华，李芬．国外绿色生态城案例分析及借鉴 [J]．北京规划建设，2014（4）：92-96．
[26] 李迅，李冰．绿色生态城区发展现状与趋势 [J]．城市发展研究，2016，23（10）：91-98．
[27] 王俊，赵基达，胡宗羽．我国建筑工业化发展现状与思考 [J]．土木工程学报，2016，49（5）：1-8．
[28] 中华人民共和国住房和城乡建设部．GB/T50378-2014 绿色建筑评价标准 [S]．北京：中国建筑工业出版社，2014．
[29] 住房和城乡建设部科技与产业化发展中心．中国被动式低能耗建筑年度发展研究报告 [R]．北京：中国建筑工业出版社，2017．
[30] 俞滨洋．大都市绿色高质量建设的总体思考和建议——国内大都市绿色发展的现状、趋势和建议 [J]．建设科技，2019（1）：14-17．
[31] 住房和城乡建设部工程质量安全监管司．绿色建造发展报告（白皮书）[R]．2013．
[32] 吴泽洲．建筑垃圾量化及管理策略研究 [D]．重庆：重庆大学，2012．
[33] 中华人民共和国住房和城乡建设部．绿色建材评价技术导则（试行）[EB/OL]．2015．http://www.mohurd.gov.cn/wjfb/201510/t20151022_225340.html.
[34] 中国建筑材料工业规划研究院．绿色建筑材料——发展与政策研究 [M]．北京：中国建材工业出版社，2010．
[35] 许云霞．绿色建材在建筑设计中选用探析 [J]．城市建设理论研究（电子版），2011（32）．
[36] 刘加平．绿色建筑概论 [M]．北京：中国建筑工业出版社，2010．
[37] 孙凤，王阳阳，张弛．建筑业的投入溢出效应分析 [J]．建筑经济，2018，39（9）：5-10．
[38] 李启明．建筑产业现代化导论 [M]．南京：东南大学出版社，2017．
[39] 毛志兵．建筑工程新型建造方式 [M]．北京：中国建筑工业出版社，2018．

[40] 叶明．装配式建筑概论 [M]．北京：中国建筑工业出版社，2018．

[41] 蔺雪峰．中新天津生态城：低碳发展新模式 [J]．建设科技，2009（15）：21-23．

[42] 尤完，肖绪文．中国绿色建造发展路径与趋势研究 [J]，建筑经济，2016（2）：5-8．

[43] 袁小宜，张炜，沈驰．绿色办公建筑理念与实践 [J]．建设科技，2008（6）：45-47．

[44] 韩惠奇．我国建筑业绿色发展的难点与重点 [J]．建筑工程技术与设计，2016（2）：110-115．

[45] 杨伟伟．建筑工程绿色施工的评价研究——以 J 小区为例 [D]．青岛：青岛大学，2017．

[46] 郭建岭．浅论建筑材料的发展对中国节能及环保的影响 [J]．广东化工，2007（12）：44-47，106．

[47] 叶明．寄语 2019 年：发展新型建造方式是新时代发展的新要求 [DB/OL]．建筑工业化装配式建筑网．http：//www.sohu.com/a/287228800_714527.

[48] 李超．西伟力等．城市绿色创新发展思路与对策研究——以天津生态城为例 [J]．绿色科技，2016（20）：133-137．

[49] 王有为．中国绿色施工解析 [J]．施工技术，2008（6）：1-6．

后记

本书是由中国建筑股份有限公司副总工程师、中建科技集团有限公司叶浩文董事长带领中建科技集团有限公司编写组深入研究绿色建造相关内容，结合中建科技集团绿色建造经验，积极探索建筑业转型发展的模式和道路，经过多次删减、研讨编写而成。在编写过程中，编写团队充分借鉴了中国建筑股份有限公司以及行业内其他兄弟单位的探索与实践，同时也研究了建筑行业内有广泛影响力的绿色建造案例以及相关文献。可以说，本书既是针对绿色建造方式的详细介绍，也是关注建筑业转型发展的行业专家集体智慧的结晶，更包含了对建筑业未来发展的畅想与展望。

本书由住房和城乡建设部工程质量安全监管司牵头，标准定额司、建筑市场监管司、建筑节能与科技司、科技与产业化发展中心、中建科协绿色建造专业委员会协助编写工作。同时，以座谈会、访谈、书面反馈等方式，向行业内专家征求了意见。在此，特别感谢中国建筑业协会王铁宏会长，中国建筑股份有限公司肖绪文院士、毛志兵总工程师，中冶建筑研究总院岳清瑞院士，深圳建科院有限公司叶青董事长，中国电子工程设计院娄宇总经理、谢卫副总工程师等专家的帮助与支持。

参与本书编制的中建科技集团有限公司编制组成员为，叶浩文、李丛笑、叶明、江国胜、李文杰、张爱民、刘若南、李张苗、朱清宇、吴江、韩西杰、张希忠、樊则森、张常杰、王兵、孙小华、张欢、刘志国、赵鹏、薛艳青、马超等。在此，向所有参与编制同志的努力和付出一并表示感谢。本书未注明图片资料出处的，均为编制组自绘或拍摄。

随着时代的发展进步，本书也将不断提升、完善，敬请指正。

叶浩文

2019 年 3 月